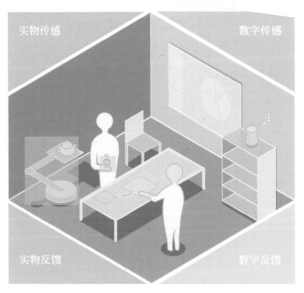

图 1.1　模块化实物用户界面的设计内容

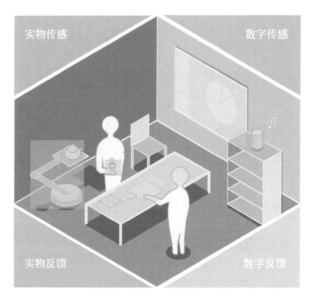

图 1.1　模块化实物用户界面的设计内容

清华大学优秀博士学位论文丛书

模块化实物用户界面研究

王濛（Wang Meng）著

Modular Tangible User Interface: Design Method and Implementation

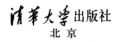清华大学出版社
北 京

内 容 简 介

作为实物用户界面未来发展的主要方向之一,模块化用户界面通过提供大量不同种类的可交互实体,为实物用户界面提供更多的灵活性、可变性、自由性、创造性,使之能够广泛应用于未来人居、未来教育等相关领域。本书结合多学科的理论与方法,提出了具有一定普适性的模块化实物用户界面设计框架与设计方法,探索了能够在真实物理环境中提供虚实结合的、沉浸式交互体验的设计实现方式,探讨了模块化实物用户界面的应用领域、优势缺点与未来研究方向。

本书可供从事用户界面设计、实物用户界面研究等领域的研究人员及相关技术人员阅读参考。

图书在版编目(CIP)数据

模块化实物用户界面研究/王濛著.—北京:清华大学出版社,2023.8
(清华大学优秀博士学位论文丛书)
ISBN 978-7-302-62759-3

Ⅰ.①模⋯　Ⅱ.①王⋯　Ⅲ.①用户界面-程序设计　Ⅳ.①TP311.1

中国国家版本馆 CIP 数据核字(2023)第 031229 号

责任编辑:孙亚楠
封面设计:傅瑞学
责任校对:欧　洋
责任印制:丛怀宇

出版发行:清华大学出版社
　　　　网　　　址:http://www.tup.com.cn,http://www.wqbook.com
　　　　地　　　址:北京清华大学学研大厦 A 座　　　邮　　编:100084
　　　　社 总 机:010-83470000　　　　　　　　　邮　　购:010-62786544
　　　　投稿与读者服务:010-62776969,c-service@tup.tsinghua.edu.cn
　　　　质量反馈:010-62772015,zhiliang@tup.tsinghua.edu.cn
印 装 者:三河市东方印刷有限公司
经　　销:全国新华书店
开　　本:155mm×235mm　　印　张:7　　插 页:1　　字　数:120 千字
版　　次:2023 年 8 月第 1 版　　　　　印　　次:2023 年 8 月第 1 次印刷
定　　价:59.00 元

产品编号:088599-01

一流博士生教育
体现一流大学人才培养的高度（代丛书序）①

人才培养是大学的根本任务。只有培养出一流人才的高校，才能够成为世界一流大学。本科教育是培养一流人才最重要的基础，是一流大学的底色，体现了学校的传统和特色。博士生教育是学历教育的最高层次，体现出一所大学人才培养的高度，代表着一个国家的人才培养水平。清华大学正在全面推进综合改革，深化教育教学改革，探索建立完善的博士生选拔培养机制，不断提升博士生培养质量。

学术精神的培养是博士生教育的根本

学术精神是大学精神的重要组成部分，是学者与学术群体在学术活动中坚守的价值准则。大学对学术精神的追求，反映了一所大学对学术的重视、对真理的热爱和对功利性目标的摒弃。博士生教育要培养有志于追求学术的人，其根本在于学术精神的培养。

无论古今中外，博士这一称号都和学问、学术紧密联系在一起，和知识探索密切相关。我国的博士一词起源于2000多年前的战国时期，是一种学官名。博士任职者负责保管文献档案、编撰著述，须知识渊博并负有传授学问的职责。东汉学者应劭在《汉官仪》中写道："博者，通博古今；士者，辩于然否。"后来，人们逐渐把精通某种职业的专门人才称为博士。博士作为一种学位，最早产生于12世纪，最初它是加入教师行会的一种资格证书。19世纪初，德国柏林大学成立，其哲学院取代了以往神学院在大学中的地位，在大学发展的历史上首次产生了由哲学院授予的哲学博士学位，并赋予了哲学博士深层次的教育内涵，即推崇学术自由、创造新知识。哲学博士的设立标志着现代博士生教育的开端，博士则被定义为独立从事学术研究、具备创造新知识能力的人，是学术精神的传承者和光大者。

---

① 本文首发于《光明日报》，2017年12月5日。

博士生学习期间是培养学术精神最重要的阶段。博士生需要接受严谨的学术训练,开展深入的学术研究,并通过发表学术论文、参与学术活动及博士论文答辩等环节,证明自身的学术能力。更重要的是,博士生要培养学术志趣,把对学术的热爱融入生命之中,把捍卫真理作为毕生的追求。博士生更要学会如何面对干扰和诱惑,远离功利,保持安静、从容的心态。学术精神,特别是其中所蕴含的科学理性精神、学术奉献精神,不仅对博士生未来的学术事业至关重要,对博士生一生的发展都大有裨益。

独创性和批判性思维是博士生最重要的素质

博士生需要具备很多素质,包括逻辑推理、言语表达、沟通协作等,但是最重要的素质是独创性和批判性思维。

学术重视传承,但更看重突破和创新。博士生作为学术事业的后备力量,要立志于追求独创性。独创意味着独立和创造,没有独立精神,往往很难产生创造性的成果。1929 年 6 月 3 日,在清华大学国学院导师王国维逝世二周年之际,国学院师生为纪念这位杰出的学者,募款修造"海宁王静安先生纪念碑",同为国学院导师的陈寅恪先生撰写了碑铭,其中写道:"先生之著述,或有时而不章;先生之学说,或有时而可商;惟此独立之精神,自由之思想,历千万祀,与天壤而同久,共三光而永光。"这是对于一位学者的极高评价。中国著名的史学家、文学家司马迁所讲的"究天人之际,通古今之变,成一家之言"也是强调要在古今贯通中形成自己独立的见解,并努力达到新的高度。博士生应该以"独立之精神、自由之思想"来要求自己,不断创造新的学术成果。

诺贝尔物理学奖获得者杨振宁先生曾在 20 世纪 80 年代初对到访纽约州立大学石溪分校的 90 多名中国学生、学者提出:"独创性是科学工作者最重要的素质。"杨先生主张做研究的人一定要有独创的精神、独到的见解和独立研究的能力。在科技如此发达的今天,学术上的独创性变得越来越难,也愈加珍贵和重要。博士生要树立敢为天下先的志向,在独创性上下功夫,勇于挑战最前沿的科学问题。

批判性思维是一种遵循逻辑规则、不断质疑和反省的思维方式,具有批判性思维的人勇于挑战自己,敢于挑战权威。批判性思维的缺乏往往被认为是中国学生特有的弱项,也是我们在博士生培养方面存在的一个普遍问题。2001 年,美国卡内基基金会开展了一项"卡内基博士生教育创新计划",针对博士生教育进行调研,并发布了研究报告。该报告指出:在美国和欧洲,培养学生保持批判而质疑的眼光看待自己、同行和导师的观点同样非常不容易,批判性思维的培养必须成为博士生培养项目的组成部分。

对于博士生而言,批判性思维的养成要从如何面对权威开始。为了鼓励学生质疑学术权威、挑战现有学术范式,培养学生的挑战精神和创新能力,清华大学在 2013 年发起"巅峰对话",由学生自主邀请各学科领域具有国际影响力的学术大师与清华学生同台对话。该活动迄今已经举办了 21 期,先后邀请 17 位诺贝尔奖、3 位图灵奖、1 位菲尔兹奖获得者参与对话。诺贝尔化学奖得主巴里•夏普莱斯(Barry Sharpless)在 2013 年 11 月来清华参加"巅峰对话"时,对于清华学生的质疑精神印象深刻。他在接受媒体采访时谈道:"清华的学生无所畏惧,请原谅我的措辞,但他们真的很有胆量。"这是我听到的对清华学生的最高评价,博士生就应该具备这样的勇气和能力。培养批判性思维更难的一层是要有勇气不断否定自己,有一种不断超越自己的精神。爱因斯坦说:"在真理的认识方面,任何以权威自居的人,必将在上帝的嬉笑中垮台。"这句名言应该成为每一位从事学术研究的博士生的箴言。

提高博士生培养质量有赖于构建全方位的博士生教育体系

一流的博士生教育要有一流的教育理念,需要构建全方位的教育体系,把教育理念落实到博士生培养的各个环节中。

在博士生选拔方面,不能简单按考分录取,而是要侧重评价学术志趣和创新潜力。知识结构固然重要,但学术志趣和创新潜力更关键,考分不能完全反映学生的学术潜质。清华大学在经过多年试点探索的基础上,于 2016 年开始全面实行博士生招生"申请-审核"制,从原来的按照考试分数招收博士生,转变为按科研创新能力、专业学术潜质招收,并给予院系、学科、导师更大的自主权。《清华大学"申请-审核"制实施办法》明晰了导师和院系在考核、遴选和推荐上的权力和职责,同时确定了规范的流程及监管要求。

在博士生指导教师资格确认方面,不能论资排辈,要更看重教师的学术活力及研究工作的前沿性。博士生教育质量的提升关键在于教师,要让更多、更优秀的教师参与到博士生教育中来。清华大学从 2009 年开始探索将博士生导师评定权下放到各学位评定分委员会,允许评聘一部分优秀副教授担任博士生导师。近年来,学校在推进教师人事制度改革过程中,明确教研系列助理教授可以独立指导博士生,让富有创造活力的青年教师指导优秀的青年学生,师生相互促进、共同成长。

在促进博士生交流方面,要努力突破学科领域的界限,注重搭建跨学科的平台。跨学科交流是激发博士生学术创造力的重要途径,博士生要努力提升在交叉学科领域开展科研工作的能力。清华大学于2014年创办了"微沙龙"平台,同学们可以通过微信平台随时发布学术话题,寻觅学术伙伴。3年来,博士生参与和发起"微沙龙"12 000多场,参与博士生达38 000多人次。"微沙龙"促进了不同学科学生之间的思想碰撞,激发了同学们的学术志趣。清华于2002年创办了博士生论坛,论坛由同学自己组织,师生共同参与。博士生论坛持续举办了500期,开展了18 000多场学术报告,切实起到了师生互动、教学相长、学科交融、促进交流的作用。学校积极资助博士生到世界一流大学开展交流与合作研究,超过60%的博士生有海外访学经历。清华于2011年设立了发展中国家博士生项目,鼓励学生到发展中国家亲身体验和调研,在全球化背景下研究发展中国家的各类问题。

在博士学位评定方面,权力要进一步下放,学术判断应该由各领域的学者来负责。院系二级学术单位应该在评定博士论文水平上拥有更多的权力,也应担负更多的责任。清华大学从2015年开始把学位论文的评审职责授权给各学位评定分委员会,学位论文质量和学位评审过程主要由各学位分委员会进行把关,校学位委员会负责学位管理整体工作,负责制度建设和争议事项处理。

全面提高人才培养能力是建设世界一流大学的核心。博士生培养质量的提升是大学办学质量提升的重要标志。我们要高度重视、充分发挥博士生教育的战略性、引领性作用,面向世界、勇于进取,树立自信、保持特色,不断推动一流大学的人才培养迈向新的高度。

清华大学校长

2017 年 12 月 5 日

丛书序二

　　以学术型人才培养为主的博士生教育，肩负着培养具有国际竞争力的高层次学术创新人才的重任，是国家发展战略的重要组成部分，是清华大学人才培养的重中之重。

　　作为首批设立研究生院的高校，清华大学自20世纪80年代初开始，立足国家和社会需要，结合校内实际情况，不断推动博士生教育改革。为了提供适宜博士生成长的学术环境，我校一方面不断地营造浓厚的学术氛围，一方面大力推动培养模式创新探索。我校从多年前就已开始运行一系列博士生培养专项基金和特色项目，激励博士生潜心学术、锐意创新，拓宽博士生的国际视野，倡导跨学科研究与交流，不断提升博士生培养质量。

　　博士生是最具创造力的学术研究新生力量，思维活跃，求真求实。他们在导师的指导下进入本领域研究前沿，吸取本领域最新的研究成果，拓宽人类的认知边界，不断取得创新性成果。这套优秀博士学位论文丛书，不仅是我校博士生研究工作前沿成果的体现，也是我校博士生学术精神传承和光大的体现。

　　这套丛书的每一篇论文均来自学校新近每年评选的校级优秀博士学位论文。为了鼓励创新，激励优秀的博士生脱颖而出，同时激励导师悉心指导，我校评选校级优秀博士学位论文已有20多年。评选出的优秀博士学位论文代表了我校各学科最优秀的博士学位论文的水平。为了传播优秀的博士学位论文成果，更好地推动学术交流与学科建设，促进博士生未来发展和成长，清华大学研究生院与清华大学出版社合作出版这些优秀的博士学位论文。

　　感谢清华大学出版社，悉心地为每位作者提供专业、细致的写作和出版指导，使这些博士论文以专著方式呈现在读者面前，促进了这些最新的优秀研究成果的快速广泛传播。相信本套丛书的出版可以为国内外各相关领域或交叉领域的在读研究生和科研人员提供有益的参考，为相关学科领域的发展和优秀科研成果的转化起到积极的推动作用。

感谢丛书作者的导师们。这些优秀的博士学位论文,从选题、研究到成文,离不开导师的精心指导。我校优秀的师生导学传统,成就了一项项优秀的研究成果,成就了一大批青年学者,也成就了清华的学术研究。感谢导师们为每篇论文精心撰写序言,帮助读者更好地理解论文。

感谢丛书的作者们。他们优秀的学术成果,连同鲜活的思想、创新的精神、严谨的学风,都为致力于学术研究的后来者树立了榜样。他们本着精益求精的精神,对论文进行了细致的修改完善,使之在具备科学性、前沿性的同时,更具系统性和可读性。

这套丛书涵盖清华众多学科,从论文的选题能够感受到作者们积极参与国家重大战略、社会发展问题、新兴产业创新等的研究热情,能够感受到作者们的国际视野和人文情怀。相信这些年轻作者们勇于承担学术创新重任的社会责任感能够感染和带动越来越多的博士生,将论文书写在祖国的大地上。

祝愿丛书的作者们、读者们和所有从事学术研究的同行们在未来的道路上坚持梦想,百折不挠!在服务国家、奉献社会和造福人类的事业中不断创新,做新时代的引领者。

相信每一位读者在阅读这一本本学术著作的时候,在吸取学术创新成果、享受学术之美的同时,能够将其中所蕴含的科学理性精神和学术奉献精神传播和发扬出去。

清华大学研究生院院长

2018 年 1 月 5 日

导师序言

王濛博士的研究聚焦于实物用户界面，目标是提供多样化的可交互实体，增加界面的灵活性、可变性、自由性和创造性，以适应未来人居、未来教育等领域的需求。该研究方向是后 WIMP 范式的重要分支，旨在克服传统图形用户界面的局限性并处理更加丰富的物理与数字信息。随着技术的进步，数字信息的视觉体验已日益完善，而图形用户界面也面临发展瓶颈。与此同时，数字网络与信息接口变得无处不在，多元化的数字信息形式也如雨后春笋一般的涌现出来。在这一发展背景下，实物用户界面的兴起提供了一种基于现实环境的、虚实结合的、可交互的人机界面，为未来的人机交互带来了新的可能性。

为了探究模块化实物用户界面的交互特性，本书将多学科的理论与方法融合，涵盖了用户体验研究、心理学、人机工学、工业设计、交互设计等多个领域，为实物用户界面的设计与研究工作提供了全面的视角。本书的主要创新在于强调了实物用户界面的多样性与复杂性，通过交叉与融合研究，总结了模块化实物用户界面具有的七种交互特性，并提出了普适性的设计框架与方法，为实物用户界面技术的发展提供了参考。

本书探索了实物用户界面技术在多个领域更广泛的发展，例如：智能环境、未来教育、创意与设计工具、信息可视化等。研究成果对于推动数字技术与实物环境的融合发展和促进信息科技在日常生活和教育中的应用具有重要的社会意义。同时，本书也指出了实物用户界面面临的挑战，并探讨了与其他前沿技术结合的可能性，从而为实物用户界面的未来发展提供了新的方向。

最后，我由衷感谢王濛博士在这一研究领域的辛勤努力与创新精神。他的研究工作不仅推动实物用户界面技术的发展，也为这一领域带来了重要的研究成果，相信本书的出版将为广大学者与从业者提供有益启示，并推动实物用户界面技术的持续发展与应用。

徐迎庆，博士
清华大学美术学院长聘教授
清华大学未来实验室主任
教育部长江学者特聘教授
2023 年 7 月

摘　要

随着技术的进步,一方面,数字信息的视觉体验已逐步完善,图形用户界面迎来了发展瓶颈。另一方面,数字网络与信息接口开始变得无处不在,数字信息的形式也开始变得越发多元化。为了克服基于 WIMP 范式的图形用户界面存在的一些缺点以及处理更加丰富的数字信息形式,产生了被称为后 WIMP 范式的实物用户界面,可以提供基于实物操作的输入与输出方式。实物用户界面致力于打造一种基于现实环境的、虚实结合的、无处不在的可交互人机环境,而作为实物用户界面的未来发展的主要方向之一,模块化实物用户界面则通过提供大量不同种类的可交互实体,为实物用户界面提供更多的灵活性、可变性、自由性、创造性,使之能够广泛应用于未来人居、未来教育等相关领域。

基于实物的可交互人机环境的形式比传统图形用户界面更加多样化,也更加复杂。由于模块化实物用户界面中实物信息与数字信息是相混杂的,大量不同属性的交互元素相互作用,单独学科的研究方法往往不能够对系统的整体设计提供参考意见。本书在用户体验研究的基础理论上,结合心理学、人机工学、工业设计、交互设计等多学科的理论与方法,开展了学科交叉与融合研究,分析了模块化实物用户界面的交互特性,并提出了具有一定普适性的模块化实物用户界面设计框架与设计方法。此外,通过结合计算机科学、机械工程、电子工程、机器人学、材料科学等多学科的前沿技术与方法进行跨学科研究,本书还探索了能够在真实物理环境中提供虚实结合的、沉浸式交互体验的设计实现方式。

在提出的设计方法与设计实现方式的基础上,本书理论联系实践,通过几个实际案例的设计过程,进一步展示了如何围绕模块化实物用户界面开展设计与研究工作。此外,本书还探讨了模块化实物用户界面的应用领域、优缺点与未来研究方向,希望能为未来的相关研究提供参考。

关键词：人机交互；普适计算；模块化；实物用户界面；实体交互

Abstract

With rapid development of technology, the visual experience of digital information is well explored under GUI. On the other hand, digital networks and information interfaces are becoming everywhere, and the forms of digital information are becoming diverse. To overcome the disadvantages of WIMP-based GUI and to handle more diverse information forms, post-WIMP based TUI is presented to provide input and output on real objects. TUI is meant to create ubiquitous, interactive and mixed-reality human-computer-interfaces based on physical environment. As one of the most important research directions in TUI, modularity provides large quantity and various types of interactive objects, and thus malleability, mutability and creativity can be achieved to support applications in future living and education, etc.

Objects-based human-computer-interfaces are much more complicated than traditional GUI. The physical information and the digital information are mixed, and interactive elements with different properties work together. Methods from single discipline are not enough for the whole system design. This book utilizes methods from psychology, ergonomics, industry design and interaction design, to conduct an interdisciplinary research. The research analyzes interaction characteristics of Modular TUI, and presents a universal design framework and design methods for Modular TUI system design. In addition, by introducing advanced technologies in computer science, mechanical engineering, electronic engineering, material science and robotics, this book also explores implementation to provide immersive experience in real physical environment.

As a combination of theory and practice, this book also presents several design cases utilizing different methods and implementation, indicating how to conduct design and research with Modular TUIs. In addition, this book discusses the application areas, advantages, disadvantages and future directions of Modular TUI, for the reference of future related research.

Key words: human computer interaction; ubiquitous computing; modular; tangible user interface; tangible interaction

主要符号对照表

TUI   实物用户界面(tangible user interface)
MTUI   模块化实物用户界面(modular tangible user interface)
GUI   图形用户界面(graphical user interface)
CAD   计算机辅助设计(computer aided design)
WIMP   窗口、图标、选单、指针(window-icon-menu-pointer)
OUI   有机用户界面(organic user interface)
NRI   非刚性界面(non-rigid interface)
RFID   射频识别(radio frequency identification)
SVM   支持向量机(support vector machine)
AR   增强现实(augmented reality)
AV   增强虚拟(augmented virtuality)
VR   虚拟现实(virtual reality)
MR   混合现实(mixed reality)
MCU   微控制器(micro control unit)
CPU   中央处理器(central processing unit)
UART   通用异步收发传输器(universal asynchronous receiver/transmitter)
IIC   集成电路总线(inter-integrated circuit)
API   应用程序编程接口(application programming interface)
NFC   近场通信(near field communication)
FET   场效应晶体管(field effect transistor)
PCB   印刷电路板(printed circuit board)
DOF   自由度(degree of freedom)
IMU   惯性测量单元(inertial measurement unit)
DMP   数字运动处理器(digital motion processor)
AHRS   航姿参考系(attitude and heading reference system)
ACK   状态确认(acknowledgement character)
PID   比例-积分-微分控制器(proportion integration differentiation)
EUD   终端用户开发(end-user development)

目　　录

第 1 章 概　　述

1.1　研　究　背　景

图形用户界面(graphical user interface,GUI)经过几十年的发展,已经具备了完善的设计理论和规范。图形用户界面基于窗口、图标、选单、指针(window-icon-menu-pointer,WIMP)的交互使得用户能够经由图形界面较为方便地操控与获取数字空间中的信息。然而,随着技术的进步,一方面,数字信息的视觉体验已接近完美,图形用户界面迎来了发展瓶颈。另一方面,数字网络与信息接口开始变得无处不在,数字信息的形式也开始变得越发多元化。图形用户界面的交互始终基于一个刚性的屏幕,这一界面形式将输入与输出分离、将物理信息与数字信息分离,随之而来的缺点和限制也开始变得越发明显。

有鉴于此,研究者提出了一种新的界面形态:实物用户界面(tangible user interface,TUI)。实物用户界面的主要研究范畴是人通过抓握、操作、组装等自然行为与实物对象发生的交互。相对于图形用户界面主要信息均以虚拟方式呈现的形式,实物用户界面更强调通过信息与物理实体耦合的方式,实现物理化操作与物理形态的信息呈现。在图形用户界面的框架下,数字空间与物理空间是泾渭分明的,所有操作必须经由图形显示器才能完成,而实物用户界面则可以提供基于实物操作的输入与输出方式[1]。

实物用户界面的概念自提出已接近 20 年,至今仍然是人机交互研究中的热点话题。随着技术的进步,实物用户界面的相关研究已不局限于传统的基于交互桌面或是单一实体的交互形式。未来的实物用户界面将致力于打造一种基于现实环境的、虚实结合的、无处不在的可交互人机环境。

我们所处的日常环境中,每个物体都是信息的载体,物体之间可以通过物理定律相互作用,导致信息的改变。实物用户界面能够提供物理环境中的传感与反馈,提供了一种信息流的介入方式,可以将原本环境中存在的实物信息流与数字信息流融合,提供全新的交互方式与用户体验。譬如这样一个简单的情景:用户拿起水杯想要喝水却发现杯子里空了,于是走到水壶旁边烧水,这是原本的信息流;用户拿起水杯想要喝水却发现杯子里空了,这时水壶自动开始烧水,这是介入后的信息流。而在整个设计过程中可能会应用到不同领域的设计实现方式,比如物联网技术所提供的传感(杯子空了),反馈(烧水),信息传递(数字无线网络),以及人工智能所提供的意图理解(拿起杯子是要喝水还是要去清洗?)。

研究下一代基于实物用户界面的可交互人机环境,不仅是国际上前沿的学术热点,也具有十分广泛的商业及应用前景。从近几年的研究热点可以总结出,实物用户界面的未来发展方向主要分为三个:自驱动用户界面、非刚性用户界面和模块化用户界面。自驱动用户界面能够为传统的实物用户界面引入新的物理反馈机制,实现从数字信息向物理世界的反向耦合;非刚性用户界面能够主动或被动改变用户界面的形态,在物理空间中提供更直观的交互模式;模块化用户界面则通过提供大量不同种类的可交互实体,为实物用户界面提供更多的灵活性、可变性。本书将从设计的角度,重点针对模块化实物用户界面(modular tangible user interface,MTUI)的交互进行研究,并为其提出一套具有一定普适性的设计框架与设计方法。

1.2　研究问题及其意义

Ishii 在"可触比特"(tangible bits)一文[2]中提出了实物用户界面的一个理想形态:"World will be interface.",即环境中的所有实物都是可交互的、构成界面的元素。这些分立却又共同作用的交互元素即体现了实物用户界面的模块化特性。广义的模块化可以用两种基本特性来定义,即物理上的分立性与信息上的连接性。值得注意的是,分立性并不是指彼此之间毫无关系,而是恰恰相反:正是因为分立性,彼此之间的位置、拓扑关系等因素才构成了更为复杂的信息关联。

模块化实物用户界面包含丰富的设计内容。图 1.1 描绘了一个具有一定通用性的实物用户界面交互场景,它既可能包含多组能够进行传感和反馈的实际物体(比如可以感知液体剩余量的杯子、可以感知是否有人入座的椅子、可以自动烧水递送水壶的机器人等),也可能包含多组能够进行传感与反馈的数字界面(比如可以触控交互的桌面、可以显示图像的墙壁、可以

语音交互的音箱等)。传统学科领域中的研究往往只针对其中的某一方面,
比如交互设计针对图形用户界面上的交互进行研究,工业设计针对实物的
外观进行研究,人机工学针对用户的使用行为进行研究等。而由于模块化
实物用户界面中实物信息与数字信息是相混杂的,大量不同属性的交互元
素相互作用,单独学科的研究方法往往不能够对系统的整体设计提供参考
意见。因此,本书将在用户体验研究的基础理论上,结合心理学、人机工学、
工业设计、交互设计等多学科的理论与方法,开展学科交叉与融合研究,分
析模块化实物用户界面中的交互特性,并为模块化实物用户界面提出一套
具有一定普适性的设计框架与设计方法。

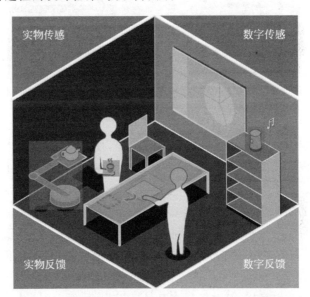

图 1.1　模块化实物用户界面的设计内容(见文前彩图)

模块化实物用户界面的三个核心功能板块分别为交互行为传感(现实
世界信息的输入)、交互行为理解(信息的分析处理)以及信息的具现化反
馈。图 1.2 是一个比较具有通用性的模块化实物用户界面设计实现图谱,
其中实物界面的设计可能会应用到基于嵌入式传感器的抓握、移动、组装等
交互行为的感知技术,或是基于机器人技术的移动、变形等功能响应的技
术;数字界面的设计则可能会应用到基于环境传感的触屏交互、手势交互、
语音交互等技术,或是基于图形界面的动效及声音反馈技术。在具体的设
计中,也需要通过结合计算机科学、机械工程、电子工程、机器人学、材料科

学等多学科的前沿技术与方法进行跨学科研究,探索能够在真实物理环境中提供虚实结合的、沉浸式交互体验的设计实现方式。

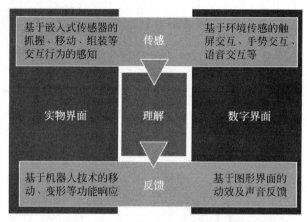

图1.2　模块化实物用户界面的设计实现

实物用户界面能够提供创新的可交互人机环境,而模块化具有的互联性、组装性特性以及自由性与创造性的优势,使之能够广泛应用于未来人居、未来教育等相关领域。由于交互环境中同时存在相互作用的实物信息与数字信息,基于实物的可交互人机环境的形式比传统图形用户界面更加多样化,也更加复杂。因此,有必要提出一套具有一定普适性的设计框架与设计方法,为模块化实物用户界面的设计过程提供依据和指导。

在对模块化实物用户界面进行研究的过程中,需要采用设计学、心理学、人机工学等多学科交叉的研究方法,整合计算机科学、机械工程、电子工程、机器人学、材料科学等多学科交叉的前沿技术,提出创新的、具有指导意义的设计框架、设计方法与设计实现方式,创造出更加沉浸、智能、易用的人机交互体验。这种交叉学科研究体现了当代科学向综合性发展的特点,不被学科的框架所限制,能够针对更多实际问题提出研究课题,并给出解答。如今国内外的交叉学科研究均处于探索阶段,基于模块化实物用户界面的下一代可交互人机环境作为其中一个热点话题,能够为国内交叉学科领域的研究提供宝贵的经验。

基于模块化实物用户界面的下一代可交互人机环境是未来十年最重要的人机交互研究领域之一,代表了未来人机交互竞争的热点和高地,在诸多重要领域均有着巨大的应用潜力,比如未来人居、未来智造、未来教育、创新设计、科普展示等。通过和产业界开展广泛合作,研究成果也能够带来巨大的经济效益,从而进一步推动产学研互相促进的良性循环。

1.3　研究内容和研究方法

参考图 1.1 及图 1.2,模块化实物用户界面的主要设计内容可以分为四类:实物传感的设计(基于嵌入式传感器的抓握、移动、组装等交互行为的感知),实物反馈的设计(基于机器人技术的移动、变形等功能响应),数字传感的设计(基于环境传感的触屏交互、手势交互、语音交互等),数字反馈的设计(基于图形界面的动效及声音反馈)。

基于模块化实物用户界面的主要设计内容,我们将设计方法分为三个板块,如图 1.3 所示,即交互框架设计方法、交互环境设计方法、交互元素设计方法。在交互元素设计方法中,主要的研究对象是用户所操作的实体,即实物传感与实物反馈的设计;在交互环境设计方法中,主要的研究对象是用户所交互的环境,即数字传感与数字反馈的设计。而在交互框架设计方法中,主要的研究内容则是实物交互元素与数字交互环境以何种形式进行结合。

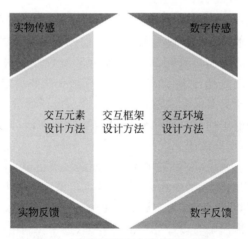

图 1.3　本书的研究内容(设计方法)

模块化实物用户界面的主要设计流程可以分为四步,如图 1.4 所示:结合设计需求和交互特性进行分析、设计交互框架、设计交互元素与交互环境、进行设计实现。设计需求是随着使用情境而变化的,因此本书的主要研

究内容将围绕交互特性分析、交互框架设计、交互元素设计、交互环境设计
与设计实现展开。

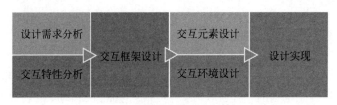

图 1.4　本书的研究内容（设计流程）

　　作为模块化实物用户界面设计的原点，交互特性分析将围绕模块化实
物用户界面的基本物理属性、语义性、示能性与约束性、耦合性与同构性、互
联性、模态、组装性七类特性展开。交互框架、交互环境与交互元素的设计
方法将针对模块化实物用户界面具有的各类不同特性进行分类研究。设计
实现方法则针对嵌入式传感、自驱动反馈、嵌入式控制、通信网络、拓扑识
别、空间定位等方面展开研究。

　　在交互元素设计方法中，主要的研究对象是用户所操作的实体，即实物
传感与实物反馈的设计。因此研究的重点是实物的交互与信息呈现方式，
即基本物理属性、模态、语义性、示能性、组装性的研究。

　　在交互环境设计方法中，主要的研究对象是用户所交互的环境，即数字
传感与数字反馈的设计。单纯针对系统中的图形用户界面而言，现有的设
计框架与设计方法已经比较完善，因此交互环境设计方法主要针对数字界
面与实物界面的融合部分进行研究。基于模块化实物用户界面的可交互人
机环境中同时包含具有信息关联的实物媒介与电子媒介，因此研究的重点
是如何在实物与电子信息之间构建信息与功能的连接，即耦合性、同构性、
互联性、示能性与模态的研究。

　　此外，本书还将对模块化实物用户界面的发展沿革，相关领域的发展动
态，模块化实物用户界面的应用领域、优缺点与未来研究方向进行阐述与研
究；本书将进一步地以理论与实践结合的方式展开，在本书提出的设计理
论、设计策略、设计框架与设计方法的指导下，进一步利用增材制造等手段，
快速建立多种不同的模块化实物用户界面交互原型，并将交互原型与真实
的使用场景相结合进行实地研究。图 1.5 展示了全书整体的结构和展开
方式。

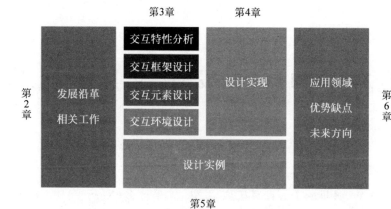

图 1.5　全书整体结构和展开方式

第2章 MTUI的发展沿革与相关工作

2.1 图形用户界面

1973年,最早的个人计算机原型之一施乐奥多(Xerox Alto)在施乐帕罗奥多研究中心(Xerox PARC)首度公开。它第一次使用了"桌面隐喻"的概念,这也代表着图形用户界面的诞生。之后苹果、IBM等公司纷纷推出了自己的图形界面系统,直到1990年微软推出了在世界范围内大受好评的Windows 3.X系列,供个人计算机使用的图形用户界面系统才算是初步定型并真正走进了千家万户。

与当下的图形用户界面进行对比可以发现,虽然图形用户界面的设计风格在30年间有了很大的改变,但是图形用户界面的基本交互框架却始终和30年前保持一致。图形用户界面系统中有两个非常重要的概念:WIMP范式和隐喻(metaphor)。WIMP范式被广泛使用于各种图形用户界面系统中,它把图形用户界面中复杂的交互行为分解为基本元素(窗口、图标、选单、指针等)的交互。隐喻则是通过在图形元素和人们熟悉的真实物体间构建联系,使用户能够快速理解图形元素代表的意义和用途。可以认为WIMP就是图形用户界面交互的核心框架,而隐喻则是为了这一交互方式能够被快速学习和理解的辅助工具。

然而,随着技术的进步,一方面,数字信息的视觉体验已接近完美,图形用户界面迎来了发展瓶颈。另一方面,数字网络与信息接口开始变得无处不在,数字信息的形式也开始变得越发多元化。图形用户界面的交互始终基于一个刚性的屏幕,这一界面形式将输入与输出分离、将物理信息与数字信息分离,随之而来的缺点和限制也开始变得越发明显。因此,有许多研究者开始试图提出新的用户界面交互框架,这一类范式被称为"后WIMP"(post-WIMP)交互范式。实物用户界面就是这些新提出的交互范式之一。

2.2　实物用户界面

实物用户界面的主要研究范畴是人通过抓握、操作、组装等自然行为与实物对象发生的交互。相对于图形用户界面主要信息均以虚拟方式呈现的形式，实物用户界面更强调通过信息与物理实体耦合的方式，实现物理化操作与物理形态的信息呈现。自 20 世纪 90 年代末被提出，经过 20 多年的发展，实物用户界面取得了广泛的成果。然而，使用实物对象进行信息处理并不是近些年才出现的新方法。事实上，无论是古罗马的算板，还是我国古代广泛应用的算盘，尽管与今天的实物用户界面看起来非常不同，但是其基本原理——使用实物对象（算珠）表示信息——已非常接近 TUI。

实物用户界面的先驱工作可以追溯到 20 世纪 80 年代初期。Frazer 等尝试寻找用于计算机辅助设计（computer aided design，CAD）的替代方案，他们提出了一种新的 3D 建模系统的概念[3]。在这个系统中，用户可以通过操作实物组件进行建模，而对应的虚拟模型则会呈现在显示器中。另一个比较著名的早期研究工作是"弹珠应答机"（marble answering machine）[4]——这项设计工作提出将未接来电用彩色弹珠来表示，每有一个来电，就会掉出一个弹珠，用户通过拾取弹珠放到特定的位置，即可回放相应的电话留言。这些早期先驱工作为 20 世纪 90 年代末期出现的实物交互界面的理论提供了灵感和基础。而当前学术界通用的实物用户界面的概念一般认为起源于1995 年由 Fitzmaurice 等提出的可抓取界面（graspable interface）[5]——通过一个可抓取的手柄去操控数字物体。

1997 年，麻省理工学院媒体实验室的石井裕教授（H. Ishii）与他的学生共同发表了一篇题为"可触比特"的文章[2]，第一次采用 Tangible 一词描述了这种界面形式。"比特"一般意义下是无形的，它也隐含了在图形用户界面的框架下，数字空间与物理空间是泾渭分明的，所有操作必须经由图形显示器才能完成。而"可触"概念的提出则致力于打破这一藩篱，基于这一概念的实物用户界面则可以提供基于实物操作的输入与输出方式。

早期的实物用户界面相关研究中，应用最多的是桌面 TUI 交互框架：实物交互元素放置在具有定位功能的交互桌面上，可以进行移动、拿起、放置等物理操作。以经典的桌面 TUI 框架 reacTable[6] 为例，用户可以直接操作实物交互元素进行移动、旋转、翻转，并获得图像上的响应。这样的交互方式更接近于人们在物理空间中和物体交互的习惯，因此也显得更为自然。

2001 年，Ullmer 与 Ishii 在图形用户界面的 MVC(model，view，control)模型的基础上，进一步提出了面向实物用户界面的 MCRit(model，control，representation：intangible and tangible)模型[7]。相比于图形用户界面，MCRit 模型强调将物理形态的信息呈现与控制相结合。这将在一定程度上消除输入设备与输出设备的差别。MCRit 模型也可表述为实物用户界面的如下四种属性：①实物对象与数字信息耦合；②实物对象代表一种交互控制，这种控制通过移动或操作这一实物来完成；③实物对象与数字化呈现(音频、图像等)发生感知耦合(perceptually coupling)；④实物对象的状态体现了整个系统状态的核心方面(因此即使断电，系统也部分可读)。在 MCRit 模型的基础上，他们又提出了 TUI 的三个基本形态[8]，如图 2.1 所示：

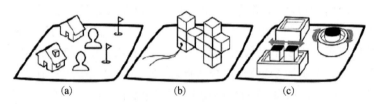

图 2.1　TUI 的三个基本形态

(a) 交互表面；(b) 构件组装；(c) 嵌入约束

(1)"交互表面"(interactive surface)。交互表面一般指可交互的桌面、地面、墙面等。实物对象可以放置在交互表面上，也可被直接操作。实物对象的空间位置以及它们的相互关系可以用来表征系统状态。

(2)"构件组装"(assembly)。类似于拼插积木，通过将一组构件模块进行连接组合，形成具有语义的结构。构件的空间位置以及组合构件的顺序均可以用来表征系统状态。

(3)"嵌入约束"(token＋constraints)。"约束"指一种特定的结构(沟槽、格子等)，而嵌入其中的实物对象只能以约束结构规定的方式来放置或运动。这一方式可以为用户提供物理形态的交互引导。

这些理论对后来的相关研究以及本书所提出的设计框架都有着极大的影响。

2.3　实物用户界面的发展

实物用户界面的概念自提出已接近 20 年，至今仍然方兴未艾。随着技术的进步，实物用户界面的研究已不局限于传统的基于交互桌面或是单一实体的交互形式。从近几年国际前沿的热点研究可以总结出，实物用户界面的主要发展方向分为三个：自驱动用户界面、非刚性用户界面和模块化用户界面。

2.3.1　自驱动用户界面

传统的实物用户界面提供了多种采用自然的物理操作方式操控数字媒体的方式，然而，用户却几乎无法通过这一物理接口获得必要的物理反馈。Pangaro 等在其研究中指出了大多数基于实物用户界面的交互系统所存在的一个共同弱点：用户已经可以通过很多种模式操作可触用户界面，进而操作数字对象，然而用户可以获得的反馈却仅有声音以及图像显示的变化[9]。O. Shaer 提出，自驱动（actuation）将是下一代实物用户界面技术一个重要的发展方向[10]。自驱动技术能够为传统的实物用户界面引入新的物理反馈机制，实现从数字信息向物理世界的反向耦合。许多实物用户界面的相关的理论研究都探讨了自驱动特性对于实物用户界面的重要性[11-12]。

通过引入力回馈装置，可以增加用户在操作实物用户界面时能够获得的反馈。这一技术在游戏手柄中被广泛使用，通过左右一大一小两个偏心电动机，可以同时实现大幅度、高分辨率的震动反馈。学术界的研究则更偏重于力回馈的复杂度以及语义，力求能够用数字方式还原日常生活中真实产生的力反馈。Traxion[13] 对触觉进行了深入的研究，使单纯振动形式的力回馈产生可被人类辨别的、带有方向感的触觉反馈。TorqueScreen[14] 在移动设备上增加了转矩反馈设备，使其能够模拟诸如方向盘一类更为复杂的力回馈。这一类研究工作存在的主要问题是力回馈所蕴含的物理反馈隐喻形式比较单一，难以表现丰富的数字内容变化。

采用马达驱动的方式是最传统也是相对较成熟的技术实现方案。最为典型的设计是采用小型机器人作为可移动的 TUI。早期采用机器人的研究，主要将机器人作为一个输出设备，部分实现了 TUI 的移动性物理反馈，但是用户无法直接操作这些机器人，从而缺失了输入功能。Tangible Bots[15] 尝试在引入机器人作为 TUI 的同时，兼顾其作为输入设备和输出设备的功能，从而允许用户直接对机器人进行操作。用户可以像操作传统的 TUI 那样将机器人进行移动、旋转，机器人能够提供一定的力反馈，同时也能根据数字信息内容的变化自主进行移动和旋转。进一步地，也可以在此基础上增加更多的驱动维度，比如 Hats[16] 通过增加垂直布置的直线电机提供了可以产生高度反馈的自驱动实物用户界面。

一些研究者还提出了一种完全不同于马达驱动机制的自驱动 TUI 系统,这些研究所采用的替代方法基于电磁阵列驱动。以 Madgets[17] 为例,通过电磁驱动的 TUI 机制,TUI 单元无需额外电源就可以实现简单的移动、变形等物理反馈功能。在此基础上,GaussBricks[18] 改进了 TUI 单元的结构,不同的单元可以通过铰链进行结合,电磁阵列在铰链结构的基础上进一步令实物交互元素产生移动和形变,使其能够表现出更多的形态。Fluxpaper[19] 设计并制作了可以被电磁阵列驱动的纸张,将其应用于平时讨论使用的白板,纸张就可以根据信息的变化进行自主移动。虽然采用电磁驱动的 TUI 系统相比基于机器人的 TUI 具有相对较好的移动反馈响应,然而其对 TUI 的限制也较多,且能够提供的物理反馈隐喻也较为单一。

2.3.2 非刚性用户界面

O. Shaer 在论文[10]中指出 TUI 的另一个发展方向是有机用户界面(organic user interface,OUI)。OUI 是 Roel Vertegaal 等在 2008 年提出的一个概念,主要是指具有在物理输入下可以主动或被动变形的非平面显示屏的用户界面[20]。非刚性界面(non-rigid interface,NRI)与其十分接近,用以指代界面元素(包含输入和输出)能够主动或被动改变形状的用户界面系统。

在比较大的空间尺度上,可以通过传统的电机驱动加上结构设计来进行物理变形,这也正是早期尤其是自驱动且非刚性的实物用户界面的主要实现方法。有很多研究基于此概念设计了可变形的家具,比如桌子[21]、长椅[22]等。根据人的行为不同,这些家具可以呈现出不同的形状,具有一定的自适应性并且能引发更积极的情感体验。

模块化的思想和驱动器阵列技术相结合,是机器人领域十分前沿的课题。很多种类的机器人比如蛇形机器人、集群机器人、自折叠机器人等都是这种结合的产物。同样,类似的思路也可以应用在非刚性实物用户界面的研究中。在这方面走在世界前列的是美国麻省理工学院媒体实验室。在inFORM[23]中,他们设计并制作了一种基于像素驱动阵列的非刚性实物用户界面系统。这个系统具有能够动态进行变形的界面,能够提供动态的示能性和约束,并且还能够驱动界面内的一些小物体。而在 LineFORM[24]里他们引入了蛇形机器人的技术,使得界面能够呈现出不同的形态,辅助用户进行不同的操作。

在非刚性实物用户界面相关研究中,一个热门的话题是可折叠、可变形的显示器、移动设备所具有的交互形式。Morphees[25] 提出了"形状分辨率"的概念,并设计了能够自主变形的移动设备。另外,还有很多研究并不注重于界面的自驱动性,而是重点关注用户操作界面进行变形后带来的新的交互范式[26-28]。

通过引入各种柔性材料进行非刚性界面原型设计,则是非刚性实物用户界面研究中比较前沿的手段。气动式的实物组件是最为常用的一种形式。麻省理工学院媒体实验室提出的 PneUI[29] 通过设计并制作气动式可变形的 TUI 组件,使其能够通过变形表达变化的高度、角度、形状等数字信息,扩展了交互的通道。jamSheets[30] 则能够通过气动方式控制材料的刚度,使实物界面呈现不同的物理形态、给予不同的反馈强度,带来新的用户体验。另一种非刚性实物用户界面中的常用的材料是硅胶。硅胶是一种柔软易拉伸的材料,和柔性电路等其他技术相结合,非常适合于设计及制作佩戴感良好的可穿戴设备[31-32]。

另外一些场景中会要求非刚性实物用户界面具有更好的嵌入性。这方面比较成熟的技术是应用记忆合金(shape memory alloys,SMA)。Move-it[33] 将记忆合金嵌入日常生活中使用的便利贴,使得便利贴拥有了通过动态提示用户的功能。Surflex[34] 结合了记忆合金与形变传感器,形成了"形变产生——形变检测"的控制闭环,使实物界面的形状能够精确地被编程。Shutters[35] 通过记忆合金驱动阵列技术设计了能够自动进行信息接收与呈现的窗帘。Hawkes 等[36] 设计了一种基于记忆合金的铰链,使得平面结构可以像折纸一样自行折叠起来。Scarfy[37] 则提出了一种能够根据穿戴方式不同进行自驱动的时尚围巾。

除此之外,很多其他领域(比如生物、化学等)的最新研究成果也经常被用于非刚性实物用户界面的研究。BioLogic[38] 把纳豆细胞作为纳米尺度的驱动器,设计了基于温湿度的、能够自主感知、自主形变并且无需外部供能的非刚性界面形式,可以用作智能服装的设计材料。GelTouch[39] 则通过在触屏上添加一层可以受激变形的多聚凝胶,使屏幕能够凸起成为特定的形状并给用户以不同的触觉反馈。LIME[40] 则通过引入新的材料和新的物理学原理实现对液态界面的形变控制。

2.3.3　模块化用户界面

实物用户界面的模块化(modular)特性是本书研究的重点。实物用户界面早期的很多研究就已经利用了模块化的特性,比如经典的 reacTable[6]。实际上,自驱动实物用户界面、非刚性实物用户界面、模块化实物用户界面三个发展方向并不是独立的,彼此存在很多重叠。前面提到的 GaussBricks[18]、inFORM[23]等许多实物用户界面形式,在某种程度上都应用了模块化的技术。

集群界面(swarm interface)是一个非常典型的模块化实物用户界面与自驱动实物用户界面相结合的研究领域。通过部署大量可以自主移动、可以相互感知的交互实体,模仿生物群体(蚁群、蜂群、鱼群等)的行为模式,可以为用户提供特殊的动态物理反馈[41-45]。

模块化实物用户界面也可以作为一种非刚性实物用户界面的实施方法。Shapeclip[46]提出了一种通过模块化驱动器搭建可变形显示器并进行快速原型设计的方法。Changibles[47]提供了可以进行简单变形的模块化实物交互元素,进一步通过多个元素的结合就可以呈现出不同的动态。Jacobson 等则设计了一种含有铰链的积木,通过搭接实体的骨骼可以驱动数字的三维模型[48]。

虽然模块化并非意味着一定相互接触,但是模块化实物用户界面的最大交互特点还是在于其可组装性。很多研究都采用了块状积木作为载体,通过不同的技术路线(接触传感[49]、磁场传感[50]、红外通信阵列[51]、电容传感[52]等),将积木搭建的实体模型转化为数字模型。

另一个具有挑战性的方向是组装性与驱动性的结合,即通常所说的"模块化机器人"。Robo topobo[53]所提出的模块机器人可以通过实体操作的方式进行动作编程:机器人可以记录对于可动关节的操作并反复播放。roBlocks[54]则提出了一种在实体搭建的同时进行交互编程的新形式,通过改变各种传感器模块、驱动器模块、逻辑模块的连接顺序,实现不同的功能。

2.4　其他相关领域的发展现状

2.4.1　物联网

物联网(internet of things,IoT)是一个近些年来比较火热、但其实并非很新颖的技术领域[55]。和实物用户界面的概念有些类似,物联网的核心概念是将非标准设备(除常见的手机、计算机之外的电子设备)接入因特网,在现实空间中铺展更加广泛的数字网络。物联网是许多技术领域的交叉应用,其中包括嵌入式系统、无线传感器网络、控制系统等,但最为核心的还是数据网络的建立与数据的传输。在模块化实物用户界面的设计过程中,这一部分技术也尤为重要。

物联网设计的核心需求是设备之间的无线组网。随着技术的进步,各种无线组网的方式相继出现,它们彼此之间有着不同的优势和劣势,至今也没有一种技术能够形成垄断。长距离通信的常用手段包含我们熟知的蜂窝网络(cellular network),也即我们平时使用的手机网络,以及新近出现的NB-IoT、LoRa 等;短距离通信的常用手段包含我们熟知的 Wi-Fi,以及Bluetooth、Zigbee 等;近场通信(near field communication,NFC)的常用手段则包含射频识别(radio frequency identification,RFID)、红外等。巧妙地应用这些技术能够进一步扩展模块化实物用户界面的应用场景,并提高其可靠性和易用性。

2.4.2　嵌入式传感与驱动

嵌入式传感与驱动技术是很多领域的研究热点,包括材料科学、机械工程、电子工程、计算机、机器人、人机交互等。嵌入式传感与驱动技术能够在较小的封装下工作,便于嵌入日常使用的实物中,提供实物空间与数字空间交换信息的接口。

传感技术提供的是监测物理空间变化的途径。近些年来,除了一些常规的传感器之外,微机电系统(micro electro mechanical systems,MEMS)传感器被广泛地应用于各种嵌入式系统中,另外也出现了很多基于 RFID技术及系统的传感技术。IDSense[56]采用的是超高频射频识别(ultra high frequency radio frequency identification,UHF RFID)技术,仅仅通过被动的射频识别标签就可以实现针对物体的交互行为(触摸、移动)的检测。Simon 等的工作[57]则在传统的被动 RFID 标签上增加了可交互的组件(比如按钮),使得接收器不仅能够识别物体的编号,也能够同时识别交互组件的状态(按钮是否按下等)。Aircode[58]则提出了一种人眼不可见但是在特殊波长照射下相机能够识别的结构性二维码,为物体的识别与定位提供了新的手段。

驱动技术提供的是改变物理空间的途径。这里的驱动技术主要指能够提供力反馈的技术。截至目前,商用产品上所使用的驱动技术仍然几乎全部基于电机驱动的方式;但是在实验室,最热门的研究内容则是应用新型材料的驱动技术。uniMorph[59]提出了一种复合材料的设计与制造方案,用于开发新型的、可以自主弯曲的薄膜驱动器。Wood 等提出的新型复合材料结构[60]专门为了微型机器人而设计,具有一个可以大范围旋转的铰链,能够实现小尺度上的(<1cm)的旋转驱动。Kotikian 等[61]使用高温墨水,按照一定的空间向列顺序进行液晶弹性体(liquid crystal elastomeric)的 3D 打印。液晶弹性体执行器可以随着温度的变化而产生形变,这一方案能够便利地设计并制造出具有特定结构功能的液晶弹性体,有助于大尺寸柔性机器人及其动态功能结构的设计。Kellaris 等设计的驱动器[62]模拟了肌肉的工作方式,是一种透明且具有传感反馈的柔性执行器。它结合了静电和液压原理,在施加电压的时候能够产生线性收缩。这种执行器功能强大,用途广泛,但成本低廉,通过塑封技术及廉价的商用材料即可生产。

2.4.3 大数据与人工智能

大数据与人工智能是两个目前比较火热的概念,但就当下的技术发展而言,其实两者都指向了计算机领域里的同一个概念——机器学习(machine learning,ML)。机器学习使用概率论、统计学等手段,通过样本数据建立数学模型,并对未知的数据进行推理和预测。

作为一门泛用性很强的技术,机器学习在传感数据的理解等很多方面都有着非常强大的应用潜力。Touch & Activate[63]提出了一种新的传感技术,通过在任意实物表面贴附一组振动扬声器与压电麦克风,就可以感知用户对于该物体的抓握、触摸等不同操作。其背后的原理是振动扬声器进行频率扫描,振动信号被压电麦克风接收,时域信号经过傅里叶变换成为频域信号后,再通过支持向量机(support vector machine,SVM)分类器进行训练。当用户对实物进行操作时,不同的手势会吸收不同频段的振动信号,因此可以通过机器学习的方式提取特征并进行识别。Acoustruments[64]利用了类似的原理,设计了能够接插在手机麦克风和扬声器之间的外接设备,提供了触控、挤压等更丰富的交互模式。Ha 等[65]则利用强化学习(reinforcement learning)为不同结构的模块化多足机器人自动生成控制策略。

2.4.4 增强现实与增强虚拟

增强现实(augmented reality,AR)是近几年比较火热的商业技术之一,常见的应用方式是借助眼镜或显示器等数字显示设备,在真实环境中叠加数字信息,使得用户周围物理世界的信息变得具有交互性。不过受技术所限,对于额外显示设备的依赖性使得增强现实还不足以成为一种自然的交互形式。与之相反,增强虚拟(augmented virtuality,AV)则是一个较少被提起的概念,其核心是为原本是数字信息的内容添加真实的、可感知的物理反馈。比如,有一些研究[66]致力于触觉反馈的数字化生成,让数字信息中的材质属性可以被用户感知;另一些研究[67-70]则应用于虚拟现实(virtual reality,VR)系统中,为虚拟现实中的数字物体提供触觉反馈或力反馈等。而同时具有增强现实与增强虚拟两种特征的系统,才是学术上定义的混合现实(mixed reality,MR)系统。一个理想中的实物用户界面系统即是一种混合现实系统,其中既有叠加数字信息的实物,又有数字内容的实物表征。

2.4.5　机器人及其应用

从远古的希腊神话时代开始,就存在众多关于机器人的故事。在《伊利亚特》中,工匠之神赫菲斯托斯曾经打造过黄金少女作为宫殿的侍女;而在《阿尔戈英雄纪》中,守护克里特岛的塔罗斯也是一个由青铜制造的巨人。在文艺复兴巨匠达芬奇留下的手稿中,也曾找到一张有关于机器人的设计图,描绘了他对于未来仿人机器人的设想。而在古老的中国,最早有关仿人机器人的故事,可以追溯到春秋战国时期《列子·汤问》中的偃师。偃师是一名技艺高超的工匠,他为周穆王献上了一具与真人无异的自动人偶。这个人偶不仅能歌善舞,还在表演的过程中向周穆王的侍妾暗送秋波,引得周穆王大怒,以为偃师是用了一个真人来骗他。偃师连忙将人偶剖开,里面尽是一些皮革、木料等,周穆王才转怒为喜,赞赏了偃师的技艺。机器人(robot)一词源于斯拉夫语,意思是“奴役的劳动力”;而用来形容机器人研究这一领域的机器人学(robotics)一词,则是由科幻作家艾萨克·阿西莫夫创造的。机器人学同样是一门涉及机械、电子、计算机等多个领域的交叉学科,研究的方向也多种多样。

仿生机器人是机器人学研究中一个比较重要的分支。Aksak 等[71]受到了壁虎足底结构的启发,设计了通过微纤维进行附着的爬墙机器人。Fuller 等根据昆虫复眼的原理,设计了可以适用于机器苍蝇飞行的板载视觉系统[72]。Wright 等设计了模块化的蛇形机器人[73],Knaian 等则受蛋白质折叠方式的启发设计了另外一种链式机器人[74]。DelFly Nimble[75]是一款可编程的小型扑翼飞行器,具有出色的灵活性,能够进行 360°侧倾和俯仰翻转,可以精确地再现果蝇的快速逃逸动作。波士顿动力公司的Atlas[76]则是仿人机器人的先驱,它能够在崎岖的地形上行走,在受到干扰时保持平衡,还能像体操运动员一样后空翻。在最新的视频里,它甚至能像人类一样"跑酷",行云流水般地跳过圆木、跳上层层堆叠的木箱。Atlas 使用视觉系统测量到跑酷障碍的距离并调整自身,是机器人行动能力上的一个新突破。

在进行仿生机器人的研究过程中,很多研究者又把目光集中在了柔性机器人的研究上[77]。GoQBot[78]是以毛虫为灵感设计出的滚动机器人。Robertson 等设计了通过真空进行驱动的柔性机器人[79]。Ceron 等设计了通过爆米花进行驱动的机器人[80]。Alspach 等设计了由空气填充的柔性机器人手臂[81]。Tolley 等提出了一种具有弹性的爬行机器人[82]。Hawkes 等设计的机器人[83]则模仿了葡萄藤、神经元以及真菌菌丝的生长过程,并将其放大、加速、进行控制。该机器人使用了一种折叠式的管状柔性材料,加压时前部的材料会被向外推动,从而使得整个机器人向外生长,在复杂环境中避开障碍进行导航。此外,还有很多研究[84-86]探讨了具有可折叠结构的机器人,我们称之为"折纸机器人"(origami robots)。折纸机器人体积小,结构能自动展开或收起,适合应用于一些空间受限的特殊环境下。

和本书关系更为紧密的是机器人学里的另一个子领域:模块化机器人[87]。早期的模块化机器人相关研究[88-93],多数都设计成立方体模块结构。模块之间可以相互连接固定,模块内嵌入舵机可以执行 180°的旋转。其中几个比较特别的研究有:M-TRAN Ⅲ[89],具有自组装的特性,可以自主改变自身的连接结构;Em-cube[92],用电磁驱动代替了电机驱动,模块是在彼此表面上进行滑动而非转动;Molecubes[93],将立方体对角线作为旋转铰链的轴线,从而带来了完全不同的连接与动作方式。

近期的一些模块化机器人研究则更加多样化。Daudelin 等的研究[94]结合了模块化机器人与集群界面的特性,环境中的各个机器人模块既能单独移动,又能够根据环境进行自组装,越过障碍物等。Yu 等提出了一种无定形的模块化机器人及其协调运动规划方法[95]。Kalouche 等的研究[96]和 Kim 等的研究[97]则提出了两种不同的模块化多足机器人。

机器人学是一个和产业结合十分紧密的研究领域。除了实验室中的机器人原型以外,还有很多商业公司也开发出了非常优秀的机器人产品。Intuitive Surgical[98]研发的达芬奇平台一直是机器人手术领域的先锋,外科医生可以在一根仅仅 2.5cm 粗的插管内控制三个灵活可动的手术工具,同时使用铰链式内窥镜观察深部病变。UR(universal robots)[99]机器人手臂可以通过动手演示而非编程进行学习,广泛应用于实验室、工厂、物流、外科手术等诸多领域。索尼的新款 aibo[100] 则带来了新的外观、更强的语音理解以及学习能力,主要针对儿童及老年人提供情感陪伴功能。理解用户感受、用户交互行为以及用户意图是社交机器人的核心功能,而在此基础上,aibo 能够表现出并非预先编写的、根据环境变化的行为和性格。

此外,随着机器人技术的成熟与普及,也有很多研究提出了能够帮助设计师甚至普通人进行机器人设计的工具。Song 等提出的工具[101] 可以方便地设计出各种样式的上弦机器人玩具。Ha 等的研究[102] 让设计师能够通过运动特性反过来生成机器人的结构。Megaro 等则提出了一种基于图形交互的机器人设计工具[103],可以方便地设计出各种各样能够通过 3D 打印进行制造的机器生物。在另一个研究[104] 中,他们还提出了一种拉线驱动网络设计工具,可以为二维平面上多关节木偶的任意动作设计出通过电机绕线进行驱动的方案。

2.4.6　未来教育

近些年来有关于未来教育的研究越来越多,其中不仅包含很多理论研究[105-106],还有很多是关于工具与平台的设计[107-110]。未来教育的相关研究有很多不同的着重点,而创意思维能力、逻辑思维能力与动手能力三者是各类研究重点关注的内容,也是模块化实物用户界面作为未来教育工具与平台的优势所在。模块化的实物交互元素有助于创意思维能力的发挥,交互功能的设计能够提供创意思维能力的训练,而实物的搭建能够进一步调动儿童的动手能力。

在工具与平台设计相关的研究中,一个比较热门的话题是电路原型设计。通过提供多种多样的电路组件,儿童可以设计出具有不同功能的电路原型。PaperPulse[111] 提供了一种设计和加工工具,能够快速设计出嵌有电子元件的、可交互的纸制品,从而制作出电子贺卡、电子书籍等具有自定义功能的原型。Circuit stickers[112] 提供了方便进行各种电路原型搭建的贴纸。还有很多研究[113-116] 提供了不同的基于增强现实、增强虚拟或者混合现实的电路原型设计与教学平台。

而与模块化实物用户界面更为相关的研究内容,是“实体编程”(tangible programming)[117-118]、“物理计算”(physical computing)[119-120] 与“可编程积木”(programmable bricks)[121]。与搭建电路原型不同,物理计算通过编程实现对于物理环境的感知和控制,可以完成更复杂的交互原型;可编程积木为儿童提供易于搭建的模块化实物交互元素;实体编程则努力将物理计算的实现方式进行简化。Modkit[122]和 Talkoo[123]提供了两种不同的物理计算平台。Sketching intentions[124]探讨了可以用于机器人编程的几种不同的隐喻形式。Bots & (Main) frames[125]则探索了实物模块提供的协同性在编程教育中的作用。

2.5　本章小结

本章主要探讨了模块化实物用户界面的发展沿革与相关工作。为了克服基于 WIMP 范式的图形用户界面存在的一些缺点以及处理更加丰富的数字信息形式,产生了被称为后 WIMP 范式的实物用户界面。而随着技术的进步,实物用户界面的研究已不局限于传统的基于交互桌面或是单一实体的交互形式,实物用户界面进一步向自驱动、非刚性以及模块化三个方向发展。而物联网、嵌入式传感与驱动、大数据与人工智能、增强现实与增强虚拟、机器人、未来教育等其他一系列相关领域的发展,也与模块化实物用户界面的研究与发展方向息息相关。

第 3 章　MTUI 的交互特性与设计方法

模块化实物用户界面是 TUI 的一个子类，因此既具有一些继承自 TUI 的交互特性，又有一些自身独有的交互特性。这些特性彼此间互相联结，能够呈现出极为多样的交互形式。因此，想要针对模块化实物用户界面提出具有指导意义的设计方法与设计框架，就必须先对其表现出的各种交互特性做出深入的分析与解读。本研究中将模块化实物用户界面具有的交互特性总结为七种，如图 3.1 所示，即耦合性与同构性、互联性、示能性与约束性、模态、基本物理属性、组装性、语义性。

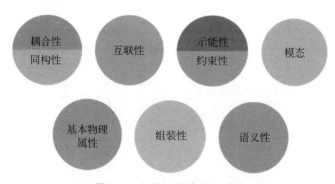

图 3.1　七种不同的交互特性

不同的设计阶段，我们所关注的交互特性是不同的。在交互框架设计过程中，我们主要关注交互的耦合性与同构性；在交互环境设计过程中，我们主要关注交互的耦合性与同构性、示能性与约束性、互联性、模态；在交互元素设计过程中，我们主要关注交互的示能性与约束性、组装性、语义性、模态、基本物理属性。图 3.2 直观地表示了不同的设计阶段中需要考虑的不同交互特性。

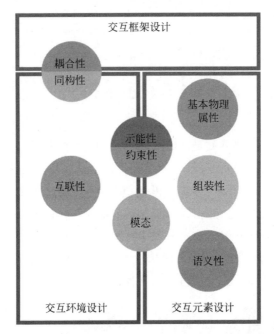

图 3.2   不同的设计阶段中需要考虑的不同交互特性

3.1   交互特性分析

3.1.1   基本物理属性

与图形用户界面不同,实物用户界面中用户直接操作的是具有三维实体的实物交互元素,因此会涉及更多、更复杂的设计因素。

体积(volume)是一种实物特有的基本物理量。图形用户界面中的交互元素比如按钮或窗口,一般采用面积来衡量其可交互尺寸的大小。与之对应,实物用户界面中的交互元素则具有体积。交互元素的体积规模决定了其基本交互方式。值得注意的是,实物交互元素在设计与使用的过程中通常是有方向性的,即存在一个物理的底面(bottom),以便于实物交互元素放置在平整表面上。因此,在体积规模上,应该将高度(height)与长和宽(length and width)作为两个维度区别对待。

在图形用户界面框架下,交互元素的位置(position)和方向(orientation)是十分容易确定的。通常来讲,以屏幕角落作为坐标原点建立直角坐标系,通过一个位置向量和一个旋转角度即可表示出来。但是在实物用户界面的交互过程中，情况要复杂得多。桌面 TUI 是一种相对简单的情况。通常来讲，实物交互元素被放置于一个可交互表面（比如触控屏幕）上，通过底部的一个基准标签进行定位。这种情况下仍然可以套用图形用户界面下的表达方式。而在更广泛的实物用户界面交互情境下，交互元素可能需要其在某一个三维空间里的位置与方向。通常我们会用一个三维的位置向量与一个四元数（quaternion）作为空间位置与方向的数学表达。

作为一种十分常见的视觉特征，颜色（color）在 GUI 框架下与 TUI 框架下也存在些许差异。首先，数字颜色受到色彩分辨率的限制，与之相比实物的颜色更加真实和细腻。其次，GUI 框架下交互元素的颜色是灵活可变的，比如一些按钮会在经停（over）时改变颜色，以增强其可以点击的示能性。而 TUI 框架下较少使用可变颜色的交互元素。

触觉（haptics）是实物交互元素区别于图形交互元素最主要的一种物理属性。广义上的触觉包含了多种不同的反馈形式：

（1）形状轮廓。GUI 的交互元素均呈现在二维屏幕之上，因此二维形状对于交互行为的影响比较直观。TUI 与之不同，交互元素具有物理空间中真实的三维形状轮廓，对于交互行为的影响更为强烈。形状轮廓通过皮肤上的力回馈分布来影响触觉反馈。

（2）温度。TUI 中交互元素的温度属性，并不应该等同于物理学中的温度，而是应该通过人体皮肤的温度感受器响应程度来衡量。因此它主要受两个因素影响，一是交互元素的真实物理温度，二是物体表面的热传导率。高热传导率的表面能够加速人体皮肤温度感受器的响应，也就是让热的物体觉得更热，冷的物体觉得更冷。

（3）材质与纹理。材质与纹理是一个十分复杂的问题。在 TUI 交互中，为简单起见，可以使用柔软度和粗糙度来简化描述所选用交互元素的材质与纹理。

（4）重量。重量主要影响对实物交互元素进行移动操作时的反馈强度。

（5）来自结构的被动力回馈。比如弹簧结构带来的拉力，或是螺纹结构带来的阻尼等。

（6）主动力回馈。比如通过电动机产生的振动、推力等。

3.1.2　示能性与约束性

示能性(affordance)与约束性(constraint)是实物用户界面交互框架中最重要同时也是最复杂的交互特性。"示能性"一词源于心理学领域,后来也被人机交互领域的研究人员广泛使用[126]。O. Shaer 等在文章[10]中讨论过如何使用示能性进行交互的引导。Norman 认为示能性反映了使用者和物体之间可能的关系[127]。Vyas 等则强调了示能性是在环境中产生的、用户与技术之间的一种阐释性关系[128]。Lopes 等的研究[129]则通过肌肉电刺激创造了一种全新的示能性表现形式。

示能性一般可理解为一个对象提供了一种操作的功能。例如一个按钮提供了点击的功能;而一个滚动条则提供了拖动的功能。对于实物用户界面,其示能性是一个特别的属性。一个实物对象可以提供远远超过虚拟对象的示能性信息。其形状、大小、材质,甚至重量和硬度等都会给用户提供使用提示。

示能性是物体的形状、结构属性在隐喻、人的先验知识、交互环境等外部作用下综合表达出来的一种认知属性。首先,通过长期的学习,人对于类似椅子、可以转动的门把手这一类形状和结构都有了功能性的认识,这种情况下就表现为经由学习的示能性。桌面交互中将圆柱体作为旋钮的隐喻来进行示能性的表达,这种情况下就表现为经由类比的示能性。而在俄罗斯方块游戏中,下方堆叠的边缘形成了交互环境,使得上方掉落的方块表达出直接的示能性,这种情况下就表现为经由推理的示能性。可见,示能性的表达是与人类的认知研究息息相关的。

约束性可以认为是一种反向的示能性,它的目的是限制用户操作的可能性。如果示能性是告诉用户"可以做什么",那么约束性就是告诉用户"不可以做什么"或者"只可以做什么"。在很多语境下,约束性也包含在广义的示能性中。

3.1.3　语义性

语义性(semantic)[130]是真正描绘交互元素"功能"的属性。大部分的语义来自于类比,通过相似的形状、颜色等属性可以联想到其他的物体从而产生语义。另一部分则来自长期的学习,这一类的形状语义通常是指向抽象的概念,比如数字媒体播放器用来代表各种功能的形状。

语义性与示能性是两个联系紧密而又极易混淆的概念。两者都和交互元素的功能相关,示能性用来体现交互元素可以"被"如何使用,而语义性则体现交互元素触发了怎样的效果。以 GUI 中的按钮为例:浮雕效果和鼠标指针经过时的颜色变化体现了示能性的设计,使用了物理上真实的按钮作为隐喻的对象,是为了体现出按钮是可以被"按下"的;按钮上的图形比如一个放大镜体现了语义性的设计,同样使用了真实物体的隐喻,是为了体现出按钮的功能是放大或缩小。在很多语境下,存在着用语义性或示能性中的某一个词同时代指两者的广义用法;在本书中,为了明确地分析清楚设计方法,使用的语义性与示能性概念均是狭义的。

3.1.4　耦合性与同构性

使用实物操作数字信息是实物用户界面的基本定义方式。然而在纯粹的实物交互中,信息输出的方式较为受限,远不如 GUI 框架下图形交互所具有的灵活性和可变性。因此,TUI 框架下的交互常常也包含一组或多组图形界面,用以增强 TUI 的灵活性。在这种情况下,交互环境中同时存在着实物交互元素与数字交互元素,而两者之间往往并不是相互独立的。耦合性(coupled)与同构性(lsomorphic)描述的是实物交互元素与数字交互元素之间的两种典型关系。

学术上所定义的"混合现实"交互情境,是指在某一可交互的环境中,一部分交互元素是真实的物体,另一部分则是虚拟的物体。实物用户界面的耦合性是指在类似的混合现实交互情境中,实物交互元素和数字交互元素之间可以产生的互动性。比如,在桌面 TUI 的交互情境中,桌面上显示的数字物体和桌面上摆放的真实物体之间可以产生碰撞等物理效果。

在另一种情况下,图形界面中所呈现的数字交互元素与实物用户界面中使用的实物交互元素并非"不同物体",而是"同一物体的不同表达"。比如,通过实体积木搭建一个建筑之后,该建筑的三维模型可以显示在图形界面里,并进行修饰与编辑。实物用户界面的同构性是指在这种情况下,实物交互元素与数字交互元素具有的一致性。

3.1.5　模态

在计算机领域中,每一种不同的信息来源可以被认为是对应着一种不同的模态(modality)。实物用户界面是一种典型的多模态、多通道的交互界面。从整体的数字交互环境,到具体的实物交互元素,多模态都是一种能够提升界面灵活性、易用性以及交互效率的设计方法。

模态特性可以从输入和输出两方面来考虑。输入方面,实物交互元素可以提供诸如抓握、触摸、移动、挤压、旋转、拆卸、组装等不同的物理操作模态,数字交互环境则可以提供触摸屏、语音、姿态、手势等不同的数字输入模态。输出方面,实物交互元素可以提供诸如移动、形状变化、重量变化、材质变化、刚度变化、温度变化、振动、LED 显示甚至操作其他实物等不同的物理反馈模态,而数字交互环境则可以提供图形界面、声音等不同的数字输出模态。

3.1.6　互联性

无论是否在物理上相连,模块化实物用户界面的各个交互元素之间一定不是完全相互独立的,必定具有信息层面的连接性,也即信息互联性(connectivity)。信息互联性的设计与实现可以从物联网领域汲取很多的灵感。

模块化实物用户面采用的是基于实物的交互,因此通常会应用到各种传感技术,以获取用户在物理空间内的交互行为信息。在模块化实物用户界面中,每一个实物交互元素通常都配备有自己的传感器,进而组成一个传感网络。这就导致用户交互行为信息的来源常常是分散的。针对这种情况,经典的信息互联形态有两种:集中式和分布式。集中式即是把所有交互元素收集到的信息上传到同一台主机,由主机进行处理,再把响应以命令的形式发回给各个交互元素;分布式中各个交互元素可以不经由主机交换彼此的信息,在本地直接处理收集到的信息并生成响应。集中式的好处是网络结构简单,计算能力可以保证,节点的兼容性和可扩展性强;分布式的好处则是信息结构简单,响应快,便于布置。在实际使用中,往往根据需求采用混合式系统,以获得集中式和分布式两者的优点。

在不经过任何设计的情况下,模块化实物用户界面中的信息互联是隐式的,用户不易察觉到。有时也需要对信息做必要的呈现,或者通过环境示能性的设计让用户了解信息关联的存在。

此外,在模块化实物用户界面的很多交互情境中,除了信息互联性以外,交互元素之间还具有强烈的位置互联性。这里的位置互联性是指不同交互元素之间的相对位置是具有交互意义的,相对位置的变化作为一种输入,将产生不同的响应和反馈。这种位置互联性可以用两种不同的方式进行表达:具象化的空间坐标,或是抽象化的拓扑关系。空间坐标是使用坐标化的方式描述交互元素之间的相对位置,比如刀子在盘子右侧 10cm;拓扑关系则是用更加抽象的方式描述交互元素之间的相对位置,比如刀子在盘子右侧。位置互联性是模块化实物用户界面一种非常典型的交互特征。

3.1.7　组装性

组装性(assembling)是模块化实物用户界面最典型的交互特征之一。实物交互元素的组装性根据使用情境(受力情况)不同可以分为三类:零力矩连接、弱力矩连接和强力矩连接。零力矩连接多用于诸如七巧板等依附于固定平面的使用情境,交互元素彼此之间不传递力矩,因此也不需要进行额外的设计;弱力矩连接下,被连接的交互元素可以作为一个整体被移动、操作,但是不会承受较大或者较频繁的外力;强力矩连接则意味着连接处要承受较强的外力作用,常见于机器人以及含有力反馈的应用情境中。

组装性将组装作为一种交互形式,还带来了另外一种新特性:可重构性(reconfigurable)。不同的实物交互元素可以进行不同的组合,进而产生不同的功能。可重构性极大地扩展了实物界面的灵活性与可用性,使其不仅可以适用于特定场景,还可以进一步应用于某一类场景的集合,给用户提供更有自由性和创造性的交互空间。

3.2　交互框架设计

使用实物操作数字信息是实物用户界面的基本定义方式。然而在纯粹的实物交互中,信息输出的方式较为受限,远不如 GUI 框架下图形交互所具有的灵活性和可变性。因此,TUI 框架下的交互常常也包含一组或多组图形界面,用以增强实物交互的灵活性。在这种情况下,交互环境中同时存在着实物交互元素与数字交互元素,而两者之间往往并不是相互独立的。根据应用情境或是交互目的的不同,在设计 MTUI 的时候首先应该考虑的是使用哪种交互框架。根据是否、如何结合 GUI,可以将交互框架分为三大类:耦合性框架、同构性框架和纯实物框架。

图 3.3(a)是耦合性框架的一个典型例子,具有几何外形的实物交互元素与图形界面中的粒子可以进行虚拟的碰撞。耦合性框架强调的是实物交互元素与数字交互元素在交互环境中的互动。在此框架下,实物交互元素与数字交互元素具有各自独立的语义,两者共同组成完整的交互环境。耦合性框架能够在真实的物理环境中提供虚实结合的、沉浸式的交互体验。

图 3.3(b)是同构性框架的一个典型例子,通过实物交互元素的姿态控

制图形界面中数字模型的姿态。同构性框架下，实物交互元素与数字交互元素的语义不是相互独立的。与耦合性框架相比，同构性框架的交互目的通常有所偏重，即"增强现实"或是"增强虚拟"其中之一：通过引入数字交互元素为实物交互元素增加可变性，或是通过引入实物交互元素为数字交互元素增加易用性。

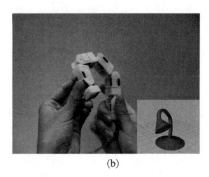

(a)   (b)

图 3.3　交互框架设计案例

(a) 耦合性框架的一个典型例子[131]；(b) 同构性框架的一个典型例子[132]

在实物用户界面的一些早期研究中，常常能见到纯实物框架的身影。比如 Ishii 的音乐瓶[133]，打开不同的瓶塞会有不同的音乐响起。纯实物框架的思路较为直接简单：不引入 GUI 的交互元素，而是完全依赖实物进行交互。某种程度上讲，这样的交互方式更贴近生活、自然易用，但是适用的场景较为受限。

3.3　交互环境设计

在交互环境设计方法中，主要的研究对象是用户所交互的环境，即数字传感与数字反馈的设计。单纯针对系统中的图形用户界面而言，现有的设计框架与设计方法已经比较完善，因此交互环境设计方法主要针对数字界面与实物界面的融合部分进行研究。基于模块化实物用户界面的可交互人机环境中同时包含具有信息关联的实物媒介与电子媒介，因此研究的重点是如何在实物与电子信息之间构建信息与功能的连接，即耦合性与同构性、互联性、示能性与约束性、模态的研究。此外，针对各个特性的设计方法并不是孤立的，它们彼此之间也会相互支持或是相互影响。

3.3.1　耦合性设计

耦合性设计的重点是实物交互元素与数字交互元素的互动,也即耦合的方式。一种常用的耦合方式是位置上的耦合,实物交互元素与数字交互元素产生物理碰撞效果之类均在此列。但是位置上的耦合需要配合十分精确的空间定位技术,因此在实施方面常常受限,多用于类似图 3.4(a)的桌面系统中。除去位置上的耦合,元素之间也可以仅进行信息上的耦合。在这种场景中,元素的位置是次要的或是改变不多,实物交互元素与数字交互元素主要进行逻辑或是功能上的互动。图 3.4(b)是一个信息耦合的例子,数字信息(视频)与实物界面(播放按钮)并不总严格遵循空间位置进行耦合,但是始终遵循一种功能性的耦合。根据耦合的需求不同,交互环境的设计方案和实现技术也会有很大的差异。

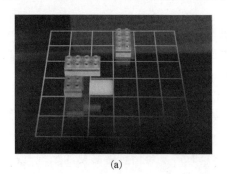

(a)　　　　　　　　　　　　　　　　　　(b)

图 3.4　耦合性设计案例

(a) 位置耦合的例子;(b) 信息耦合的例子

3.3.2　同构性设计

同构性设计的重点是实物交互元素或是数字交互元素的增强。引入数字交互元素可以为实物交互元素增加灵活性、可变性,比如通过图形界面可以方便灵活地为实物交互元素设置不同的功能、提供更丰富的信息。例如,图 3.5(a)中通过同构性实现对于模块化机器人的动态配置与编程。引入实物交互元素则可以为数字交互元素增加易用性,比如图 3.5(b)中通过实物交互可以方便直观地操控数字模型生成动画。在模块化的情境下,有时还应该在设计中强化实物交互元素与数字交互元素的对应关系,突出元素之间的同构性,比如通过相同的颜色来建立实体积木与数字积木的对应关系等。

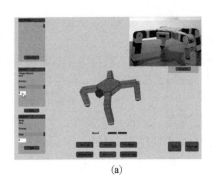 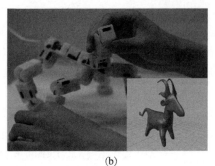

　　　　　(a)　　　　　　　　　　　　　　(b)

图 3.5　同构性设计案例

（a）通过数字交互增强实物交互；（b）通过实物交互增强数字交互[132]

3.3.3　互联性设计

　　互联性的设计需要根据交互目的来决定。信息互联性是必要的，也一定会涉及数据的通信。如果没有物理连接，通常就会使用无线通信，对数据进行集中式或者分布式的处理。如果需要物理连接，则具有电气连接时可使用有线通信，没有电气连接时使用无线通信。

　　在不经过任何设计的情况下，模块化实物用户界面中的信息互联是隐式的，用户不易察觉到。在显式控制的交互情境下，比如有多个开关控制不同的灯时，就很容易产生迷惑与混淆。这时需要对信息做必要的呈现，或者通过环境的示能性、交互元素的语义性设计让用户了解信息关联的存在。而在另外一些隐式传感的交互情景下，比如感知到房间环境光变暗而自动开灯，可以保持这种隐式的信息关联，防止过多的信息打扰用户。

　　在需要具象化的空间坐标进行位置互联性表达的情况下，通常会配合使用全局传感的交互环境，比如交互桌面、摄像头阵列等。但是现有的技术手段通常都存在一些不足，比如造价过高、安装不便、维度单一、无法处理遮挡等。在更多的交互情景下，我们其实并不需要具体的坐标数值，而是需要检测模块之间的连接关系，也即拓扑结构。

　　拓扑检测是很多模块化实物用户界面设计过程中的一个核心诉求，同时也是最复杂的部分。最重要的是建立表达拓扑结构的数学模型。大多数情况下我们会试图将拓扑连接关系简化为一个树形结构，或是一个基于树形结构的变化版本，比如限制连接数量的简化版本，或是增加额外连接关系的复杂版本。之后再结合物理连接方式通过具体设计交互元素之间的传感方式进行检测。

数据的处理方式也需要选择。在分布式的处理方式下,系统里没有主机,通常应用于节点不关心整体拓扑结构的情况;也可以通过通信让所有节点都获得整体拓扑结构的备份,但是这样耗时就会比较长,响应会变得比较慢,实现也比较复杂。分布式处理的最大好处是便于处理树形结构无法表达的图形结构。更常用的是集中或半集中式的处理,适用于树形结构,让主机或者协调器获得整体的拓扑结构,生成对应的响应再发回给其他节点。

3.3.4　示能性与模态设计

这里的示能性主要指交互环境提供的示能性。模态是指交互环境提供的模态,即除了实物交互之外的输入与输出方式,比如图像、声音、姿态、手势等。多模态能够极大地补充实物交互的不足之处,同时也能提供更多元的示能性。

耦合性框架在设计过程中通常需要强调环境的示能性。通过环境中的图像和声音变化,可以引导用户对实物交互元素进行不同的操作。图 3.6是一个数字环境交互示能性的例子,通过数字图像的变化,可以让用户明白需要把实物交互元素放置在什么位置。同构性框架在设计过程中则通常会利用多种模态。图像、声音、手势等交互通道可以进一步提升交互的灵活性。

图 3.6　来自数字环境的交互示能性例子[131]

3.4　交互元素设计

交互元素是交互界面中最小的、不可分割的可交互对象,在实物用户界面中,对应的就是某一个不可拆卸的实物对象。与传统图形界面交互元素比如图标、按钮等相比,实物交互元素由二维图形变成了三维实物,设计上要考虑的因素也更为复杂。在交互元素设计过程中,我们主要关注交互的示能性与约束性、模态、组装性、语义性、基本物理属性。

交互元素设计方法中,主要的研究对象是用户所操作的实体,即实物传感与实物反馈的设计。通过传感技术可以让实物工具的状态被检测,并根据实物的当前状态快速给用户反馈,进而提高交互的灵活性、多样性与智能性。通过对于各类接触式或者非接触式传感器的应用,可以为实物提供不同的交互功能,比如移动、摇晃、旋转、组装等。反馈技术则可以为实物环境增添更丰富的响应方式,进而提升交互功能的多样性。除了传统的声音、图像之外,可以通过振动、形变、运动、气味等物理世界中独有的方式提供信息的呈现,或是对物理环境本身进行操作。

3.4.1　基本物理属性设计

基本物理属性设计的一些研究方法可以参照人机工学和工业设计,但是在实物用户界面语境下,又有许多不同的特点。

最基本的是对于实物交互元素尺寸即体积的设计。GUI 中的交互元素,比如按钮或窗口,一般采用面积来衡量其可交互尺寸的大小。与之对应,TUI 中交互元素的体积规模决定了 TUI 的基本交互方式。但值得注意的是,TUI 交互元素在设计与使用的过程中通常是有方向性的,即存在一个物理的底面,以便于交互元素放置在平整表面上。因此,在体积规模上,应该将高度与长宽作为两个维度区别对待。不同的尺寸组合对应着不同的交互方式,同时也能够起到用户引导也就是示能性及约束性的作用。比如,将实物交互元素的高度设计为 1cm 以下,用户就会选择推动而非拿起再放下的方式移动物体;增加实物的高度,则会起到相反的效果。

TUI 与 GUI 在交互流程上最大的不同点在于反馈方式。GUI 在操作触发后通过图像和声音的变化给用户反馈,而 TUI 与之相比更为复杂,在用户操作实物交互元素的同时,用户得到被动触觉的反馈;之后操作触发,用户得到其他通道(比如图像、声音或是机械运动)的反馈。其他通道我们在模态设计中会进行讨论,在这一节里主要讨论被动触觉的设计。被动触觉是一种由多种因素产生的复杂的反馈形式,包含形状轮廓、温度、材质纹理、重量、结构的被动力回馈等。需要注意的是,被动触觉反馈是一种在设计之初就决定的、不会根据信息内容变化的反馈,它体现的是实物交互元素的固有特性。

　　形状轮廓本质上是通过皮肤上的力回馈分布来影响触觉反馈。平坦的表面产生的是均匀的分布,比较舒适,不会产生打扰,增加了操作时的稳定感。棱角则产生变化剧烈的分布,传递的信息更多、更强,容易吸引用户的注意力。此外,不同的形状还会引导用户产生不同的抓取、持握姿势[134]。

　　温度大部分时候不会作为被动触觉的设计因素使用。不过高热传导率的表面能够加速人体皮肤温度感受器的响应,也就是让用户觉得热的物体更热,冷的物体更冷,因此会影响材质的选择。

　　材质纹理是一个十分复杂的问题。在 TUI 交互中,可以使用柔软度和粗糙度来简化描述所选用交互元素的材质与纹理。除了影响抓握的手感外,这两者还会影响滑动摩擦力。如果交互方式中包含不同交互元素相接触的滑动,则需要妥善考虑这两者对于交互舒适度的影响。

　　重量主要影响对 TUI 交互元素进行移动操作时的反馈强度和精度。在通常设计所使用的范围区间内,轻一些方便操作,重一些则精度提高。针对不同交互方式(比如推动和拿起),相对应的设计策略也会略有不同:同样的交互元素在推动方式下,可以进一步增加重量,提高交互精度。

　　来自结构的被动力回馈通常对应着某种特定操作,比如弹簧结构带来的拉力,或是螺纹结构带来的阻尼等。适当的反馈强度也可以起到示能性的作用。

3.4.2　模态设计

　　单独的实物交互元素也可以包含多种通道的输入与输出方式。比如 WonderLens[135] 提供的实物交互组件能够进行移动和按压两种操作。Bloxels[136] 提供的积木模块可以发光或是改变颜色,并通过堆叠形成不同形状的物理显示器。

　　常见的输入模态包括移动、抓取、按压、触摸、挤压、摇晃、旋转等。需要注意的是,同时应用的模态数量并不是越多越好。当在某一实物交互元素上应用两种以上的输入模态时,就应该相应地强化针对各个模态的示能性设计。

　　常见的输出模态包括图像、颜色、声音、形状变化、力反馈、自主移动、其他自主行为等。在相互兼容的前提下,各种输出模态通常可以共同使用,进一步增强反馈强度、扩宽反馈信道,或是创造新的交互表现形式。

3.4.3　语义性与示能性设计

　　图形界面中的交互元素使用二维图形表示其功能。早期的图形界面设计风格使用了强烈的隐喻,通过具象化的图形在 GUI 交互元素和人们熟悉的真实物体间构建联系,使用户能够快速理解 GUI 交互元素代表的意义和用途。随着图形界面的渐渐普及,现在的设计风格开始变得更加平面化、更加抽象,目的是在保持同等语义性与示能性的前提下,去除细节、尽量减少视觉上的压力。隐喻是一种最基本的强化交互元素语义性与示能性的方式,在实物界面中这一点则表现得更为强烈[137]。

对于一个真实的物体来说,它的三维形状、结构等不仅有着对应的语义,还能进一步地暗示它的功能,即用户可以与物体进行怎样的交互。此外,示能性又是一个非常复杂的属性,物体的隐喻、人的先验知识、交互环境的不同都会在一定程度上影响它的表达。

在实物交互元素的设计过程中,主要影响语义性与示能性的属性是形状及图案。实际上在体积设计中已经有了示能性的体现,比如要强调推动的操作方式,可以把形状设计得扁一些;要强调拿起的操作方式,则可以设计得细高一些。另外,一些常见的操作方式也都可以通过形状设计来增强示能性,比如组装可以通过凹、凸的插槽结构强化,抓握可以通过凹陷的把手结构强化等。为了体现语义性,则可以进一步强化隐喻,比如通过三角、方形提供播放和停止的功能,或是借用 GUI 的设计经验在表面增加图案等。比如在经典桌面 TUI 系统 reacTable[6] 中,利用了块状指示物的隐喻(可以翻转的骰子)提供翻转的示能性、圆柱状指示物的隐喻(可以旋转的旋钮)提供旋转的示能性。实物交互元素表面的贴纸则用以体现交互元素的语义性。inFORM[23] 中则通过界面形状的变化提供了动态的示能性。

3.4.4　组装性设计

实物交互元素的组装性在设计过程中,根据使用情境(受力情况)不同可以分为三类:零力矩连接、弱力矩连接和强力矩连接。零力矩连接多用于如七巧板等依附于固定平面的使用情境,交互元素彼此之间不传递力矩,因此也不需要进行额外的设计;弱力矩连接下,被连接的交互元素可以作为一个整体被移动、操作,但是不会承受较大或者较频繁的外力;强力矩连接则意味着连接处要承受较强的外力作用,常见于机器人以及含有力反馈的应用情境中。

通常来讲,弱力矩连接可以适用于大部分的交互情境。常用的连接方式有磁性吸附、接插件配合等。一般来说,弱力矩连接通过结构设计让非插接方向可以承受较大的力从而不会产生相对位移,而在插接方向上通过摩

擦或吸附提供较弱的连接力矩,方便用户进行组装操作。因此,弱力矩连接
也存在很明显的缺点：受到插接方向的作用力时,很容易松动导致接触不
良。在载荷比较大或者是方向不确定的情况下,交互元素之间需要强力矩
连接来满足结构和电气的可靠性,最常用的方法是采用可动的插销结构,将
插接方向的运动锁死。

　　另一个在组装性设计时需要考虑的内容是组装结果的检测,即不同交
互元素之间的拓扑关系检测。在交互环境的互联性设计中我们已经探讨了
拓扑检测的整体设计方法,而在交互元素设计中我们关注的是实物交互元
素之间的信息传递方法。这里的信息传递方法主要应用于没有全局传感的
交互环境,是一种"定向信息传递",即只有特定目标(比如相邻块)能收到信
息,并借此实现拓扑关系的辨明。实现这一目的有两种常用的技术路线：
一是在相邻交互元素之间建立电气通信或近场通信,交换数据的同时即可
完成拓扑检测；二是通过其他传感方式进行拓扑检测,通过所有交互元素
共用的总线网络或者无线网络,在协调器或主机的协助下进行数据交换。
当然,也可以综合利用两种方式完成更加复杂的功能。

　　根据条件不同,拓扑关系检测与信息传递可利用的手段有很多。具有
电气连接的情况下比较简单,可以在互相连接的模块间使用数字 IO 或是
串口通信辨明彼此的连接关系。不具有电气连接的情况下,则多数使用非
接触传感或是近场通信的方式,比如磁力开关、RFID、红外通信等。使用电
气连接具有很多优势,比如不需要对节点进行单独供电、不需要无线组网
等,不过缺点也很明显,就是模块之间要有相对牢靠的物理接触。

3.5　本 章 小 结

　　本章主要探讨了 MTUI 的交互特性与设计方法。本章研究中将模块
化实物用户界面具有的交互特性总结为七种,即耦合性与同构性、互联性、
示能性与约束性、模态、基本物理属性、组装性、语义性。其中互联性、组装
性是模块化实物用户界面所具有的独特特性。

　　在不同的设计阶段,所关注的交互特性是不同的。本章研究提出了交
互框架设计过程中针对耦合性与同构性的设计方法；交互环境设计过程中
针对耦合性与同构性、示能性与约束性、互联性、模态的设计方法；交互元
素设计过程中针对示能性与约束性、组装性、语义性、模态、基本物理属性的
设计方法。

第4章　MTUI 的设计实现

4.1　嵌入式传感

嵌入式传感是 MTUI 最常应用的技术,用于交互行为的感知、拓扑结构的识别等。通过各种不同的机理,嵌入式传感技术将交互环境中的物理量转换为数字信号,从而搭建起从物理空间到数字空间的桥梁。而如何将要感知的交互行为抽象为可测量的物理量,则是设计上的重点与难点。

工业上使用的传感器,多数都是利用某种物理效应将测量量转换为电信号,再用外部单片机测量,计算出相应的数值。一些常见的可以直接进行测量的量包含形变、位移、温度、湿度、距离、姿态、接触、磁场强度、颜色、光强、红外辐射、声音等。NailO[138] 设计了一种指甲上的触摸传感器。Sensortape[139] 设计了一种能够进行弯曲、距离等多模态传感的胶带。PrintSense[140] 提出了一种能够进行弯曲、触摸等多模态传感的薄片传感器。Flexy[141] 提出了一种设计工具,可以设计出任意形状的薄片传感器,测量一维和二维的弯曲。Inkantatory paper[142] 设计了可以感知触摸并通过颜色变化进行响应的纸张。The roly-poly mouse[143] 则结合了三维姿态传感器和鼠标里常用的光学位移传感器,设计了既可以平移又可以三维旋转的鼠标,方便在图形界面中进行三维物体的交互。

另外,很多看起来不容易直接感知的交互行为,其实可以通过巧妙的设计转化为方便测量的物理量,从而达到感知的目的。通常来讲,形变是一种比较难以测量的物理特征。Slyper 等的工作[144] 提出了一种方法,通过内部添加锯齿状的空心结构,再配合布置开关阵列,就可以简便地实现不同的形变传感。Nakamaru 等[145] 和 Van 等[146] 分别根据不同的测量原理、基于泡沫塑料制作了柔性的多维形变传感器。FlexTiles[147] 则设计了一种多层布料,可以进行拉伸和形变的传感。

传感器得到的原始数据往往需要经过一些处理之后,才能被真正使用。对于带有噪声的数据,如图 4.1 所示,卡尔曼滤波(Kalman filtering)是一种常用的滤波算法。对于观测得到的新的测量值(可能含有某种程度的误差),会通过历史值与新测量值的加权平均来使估计值更贴近于真实值。对于复杂的、多维的数据,可以采用机器学习的方法对其进行建模、分析、理解和预测。

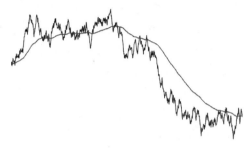

图 4.1　卡尔曼滤波效果图

4.2　自驱动反馈

自驱动反馈为模块化实物用户界面提供了一种干涉物理环境的途径。当数字内容发生变化时,这种改变同样也可以体现在物理空间的实体上,进而构建起数字世界与物理世界的桥梁。

移动、形变和振动是最常见的自驱动反馈形式。常见的驱动机理则包括电动机驱动、记忆合金驱动、磁场驱动、气压驱动、液压驱动等。利用精心设计的机械结构或是柔性材料,可以完成更加复杂的运动或变形。PneUI[29]通过设计并制作气动式可变形的 TUI 组件,使其能够通过变形表达变化的高度、角度、形状等数字信息。Move-it[33]设计了一种能够弯曲、通过物理动态进行提醒的便利贴。Sticky actuator[148]提供了一种简单的、容易嵌入的驱动器,可以方便地让日常物体(比如玩偶)产生动作。Fluxpaper[19]则设计了一种可以在白板上自主移动的便利贴。

结合机器人领域的相关技术,将移动与形变进一步结合使用,则可以对物理环境产生更丰富的作用。Gambit[149]是一种可以使用真实的棋盘下象棋的机器臂系统。UR[99]的机器人手臂具有感知反馈,可以抓取各种柔性物体。Kellaris 等设计的驱动器[62]模拟了肌肉的工作方式,可以执行各种更为精细的动作。借用更为丰富的机器人技术,实物界面的灵活性以及可变形也将进一步加强。

4.3　嵌入式控制

微控制器(micro control unit,MCU)是物理世界和数字空间之间的纽带。它们是可以嵌入物理世界或物理环境的廉价微型计算机。微控制器通过传感器从物理世界接收信息,并通过驱动器影响物理世界。微控制器可以独立工作,也可以与计算机进行通信。有多种传感器和驱动器可用于嵌入式系统。随着技术的进步,也出现了很多计算能力更强的微型计算平台,比如采用了"MCU+CPU"混合结构的 Intel Edison。这些平台能够进行更复杂的数据处理,比如图像处理或是机器学习等。

一般而言,使用微控制器需要一定的编程能力。但是目前已有一些简单易用的快速原型工具供非技术背景的科研人员和设计师使用,大大降低了实物用户界面原型设计与开发的门槛。例如 Arduino[150]、乐高 Mindstorms[151]等。

4.4　通　信　网　络

为了保证交互元素之间的信息连接性,通信网络是必须要用到的技术。常用的接触式通信网络有集成电路总线(inter-integrated circuit,IIC)以及通用异步收发传输器(universal asynchronous receiver/transmitter,UART)等,无线通信网络则有 Wi-Fi、Bluetooth、Zigbee 等。

接触式通信网络常用于需要进行组装操作的交互情景。通用异步收发传输器也常被称为串口,常用于相邻两个交互元素之间互相传输数据。UART 通常使用两根数据线分别进行收发,如果只需要单向传输数据则只需要一条数据线。集成电路总线则是一种总线结构,使用一条数据线和一条时钟线,其特点是同一网络下可以挂载多个设备,主机可以从多个连接在一起的设备收集数据,适合组装自由度非常大的使用情境。

无线通信网络则适用于物理连接比较弱的情况下。Wi-Fi 是家庭环境中最常用的网络形式,传输速度也最高,但是存在诸如需要登录、能耗高等缺点,不适合在设备数量比较多的情况下使用;Bluetooth 造价便宜、功耗低,但是传输稳定性不佳,难以处理多个设备互相连接的情况;Zigbee 尤其适合于多设备组成无线局域网络,支持多种复杂的组网形式,具有快速加入、休眠唤醒等高级功能,是最适合拥有大量实物交互元素的 MTUI 组网技术。此外,Digi 公司[152] 还提供了应用程序编程接口(application programming interface,API)封装和软件支持都非常完善的 Zigbee 模块,可以让非专业人员快速地开发出各种无线组网的应用。

4.5　拓 扑 识 别

拓扑识别是传感、通信与拓扑学的综合应用。以一个简单的树状拓扑结构为例,从终端的叶节点开始,每一个子节点向上发送自己子树的结构,层层传递,根节点即可重建出整个树状结构的拓扑。这种情况下可以仅仅依靠交互元素之间的单向 UART 完成整个结构的重建,需要的资源最少。

如果设计中组装的自由性比较大,还可能会遇到更加难以处理的图状结构。解决图状结构有两种常用的思路:一是通过设计去除拓扑上的自环,比如在物理拓扑结构上存在自环的部位增加特殊的模块,断开原本的连接,使得该图状结构可以用一个近似的树状结构加上额外的信息来描述;二是采用混合式的网络结构,将数据网络与拓扑网络分离。另外的总线网络负责采集拓扑数据并传输到负责重建的协调器,而原先的 UART 网络只保留拓扑识别的功能。

很多情况下我们不仅需要识别整个拓扑结构,还需要从各个子节点获取传感数据,以及向子节点传递命令。树状图的 UART 网络虽然也可以同时传递数据,但会带来一些问题:单次需要传递的数据量逐级上升,在靠近根节点的部位,传输数据会占用大量的处理时间,影响性能并带来数据延迟与帧率下降。此时可以将图状结构的混合式的网络结构应用于树状结构,由总线网络负责传感数据、命令数据的收发,平衡整个网络的传输负载,提升性能与可靠性。

4.6　空 间 定 位

在基于位置的实物交互中,空间定位是必须要用到的技术。按照常用的使用情境来看,可以分为预设点定位、二维平面定位和三维空间定位三种。使用的核心技术则主要是射频技术或者机器视觉技术。

预设点定位常使用 NFC 技术。NFC 是一种无线通信技术,接收器通过射频信号自动辨识与追踪附近的 RFID 标签,因此一般用于检测一些预设位置是否有标签物体存在。RFID 标签可大致分为有源与无源两大类。有源标签本身拥有电源,可以主动发射无线电波;无源标签本身不含电池,需要从外部电磁场获得能量完成信号传输。多数利用 NFC 技术的 TUI 采用无源标签,只有当贴有标签的物体与接收器靠近到一定距离时,才会进行信号传输。这一距离长短与接收器、RFID 标签的体积,电磁场的强度等有关。一般为了降低成本,NFC 多用于近距离识别,即需要贴有标签的物体置于或者扫过应答器。

二维平面定位多应用于桌面 TUI,是一种比较常见的使用情境。在桌面 TUI 中最常用的是基于机器视觉原理进行定位的方法,比如经典的 reacTIVision[153] 框架。交互桌内部安装了红外光源阵列,发出的红外光经交互表面反射后被内部安装的摄像头接收;如果交互表面上有物体、手指或是图形码,就会在图像的对应位置产生相应的图案。通过图形码不仅能识别位置与旋转角度,还能够识别图形码所具有的 ID,从而对不同的物体进行区分。交互桌内部一般还会安装一台投影仪,以便在交互表面上显示图形界面。

除此之外,也还有很多研究采用了不同的方法进行二维平面定位。THAW[154] 提出了一种图像叠加的方式,使手机通过自带摄像头就可以进行和大屏幕之间的定位。Project zanzibar[155] 设计了一种结合了 NFC 阵列和电容传感阵列的便携式定位平台。这种看起来像一个桌垫的定位平台可以通过 NFC 阵列进行无源标签 ID、位置和方向的识别,通过电容传感阵列进行触控操作的识别。PERCs[156] 提出了一种基于普通多点触控电容屏的、进行有源标签 ID、位置和方向识别的方法。Pulp Nonfiction[157] 提出了一种低成本的在普通纸张上增加触摸传感的方法。Wall++[158] 则提出了一种把墙壁作为交互平面、对墙壁附近的交互进行传感的新技术。另外一种常用的定位方法是给物体贴上不同颜色的标签,靠机器视觉进行识别。使用颜色来识别对象相对更为可靠,但仅能少量识别高对比度颜色。提高鲁棒性和识别速度的一种方法是绘制反射红外标记并为相机安装滤镜。虽然相机将只检测到具有标记的对象,但会降低系统区分不同对象的能力。

三维空间定位通常用于体积更大的交互空间。有些商业公司比如 Optitrack[159] 对于不同尺寸的三维空间定位给出了详尽的解决方案,再进一步配合九轴惯性测量单元(inertial measurement unit,IMU),就可以获得物体在三维空间中的位置和姿态。不过,这样的方式通常因为造价高、布置复杂而无法广泛应用。

4.7　本章小结

本章主要探讨了模块化实物用户界面的一些常见设计实现方式。嵌入式传感可以用于交互行为的感知、拓扑结构的识别等。自驱动反馈为模块化实物用户界面提供了一种干涉物理环境的途径。嵌入式控制芯片作为计算核心,对传感数据进行处理并向驱动器发送命令。通信网络保证了交互元素之间的信息连接性。拓扑识别是传感、通信与拓扑学的综合应用,能够提供多模块之间的拓扑结构用以重建。空间定位则提供了实物交互元素在空间中的位置和姿态,用于需要精确坐标的交互情境。

第 5 章 MTUI 交互系统设计实例

本章以博士期间的一些有关模块化实物用户界面的工作为例,展示了如何结合上文所提出的交互特性、设计方法和设计实现,开展围绕模块化实物用户界面的设计与研究工作。这些工作的设计目的和内容都不尽相同,设计过程也围绕着不同的交互特性展开。

5.1 PolyHinge

传统的 TUI 提供了多种采用自然的物理操作方式操控数字媒体的方式,然而,用户却几乎无法通过这一物理接口获得必要的物理反馈。Pangaro 等在其研究中指出了大多数基于 TUI 的交互系统所存在的一个共同弱点:用户已经可以通过很多种模式操作可触用户界面,进而操作数字对象,然而用户可以获得的反馈却仅有声音以及图像显示的变化[130]。

随着驱动技术、触觉反馈技术、材料技术的发展,实物开始可以通过更多样化的模态表达数字信息。其中,可变形界面因为物理变形的复杂性而成为了研究的热点。各种柔性材料被应用于可变形界面的设计,但是变形的形式仍然十分受限。而且,变形通常被视为一种单纯的输出方式,而非具有输入、输出两种模态的双向交互界面。

在对相关工作进行了详细的研究后,我们选取了铰链结构作为实施形变的物理机制,设计并制作了能够自主进行变形的模块化实物用户界面系统 PolyHinge。该系统包含可进行物理形变的实物交互元素,以及作为交互环境的多点触控桌面。基于耦合性交互框架,用户可以同时操作相互增强的实物信息与数字信息。基于该交互系统所设计的一系列应用包含了公共空间的数字娱乐、数据探索等多种应用情境。相关论文[131]已发表于界面与人机交互国际会议(IADIS IHCI2017)。

5.1.1 交互元素设计

PolyHinge 这个名称是由英文中的 poly(多聚)和 hinge(铰链)两个单

词拼合而成。其灵感来源于几何学中的华勒斯·波埃伊·格维也纳定理
(Wallace-Bolyai-Gerwien theorem)，也称为多边形分解(dissections of polygons)定理：两个简单多边形面积相等，那么其中一个分割成有限多块多边形，经过平移和旋转，即可重组为另一个多边形。著名的趣题设计家与娱乐数学家亨利·杜德尼(Henry Ernest Dudeney，1857—1930)于 1902 年进一步地提出了铰链约束下的多边形分解问题，并给出了从正三角形到正方形的铰链分解形式[160]，如图 5.1 所示。铰链约束下的多边形分解问题直到 21 世纪初才得到证明[161]。

图 5.1　从正三角形到正方形的铰链分解形式[160]

华勒斯·波埃伊·格维也纳定理及其铰链形式给出了从一种多边形到另一种多边形的转换。这个定理保证了大量的图形可以通过铰链机制进行相互间的转化。然而对于得到的某种铰链结构来说，还存在着多种中间态，即可以得到能够在多种多边形之间进行转换的铰链结构。研究得最多的是多联骨牌(polyomino)问题[162]。一个多联骨牌是指平面上若干个相同正方形边与边相接拼成的图形。作为一个特例，如图 5.2 所示，每一个四联骨牌都对应着经典游戏"俄罗斯方块"中的一种形状。相应的研究表明，对于四联及以下的骨牌，总存在一种铰链分解使其可以转换为任意的同级骨牌形状。从五联骨牌开始就不存在遍历结构了。

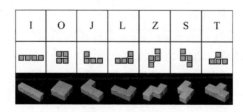

图 5.2　四联骨牌及对应的可变形实物交互元素

每一个 PolyHinge 的交互元素由多个铰链连接的子模块组成，每一个子模块内部的电机可以通过驱动连接处的齿轮轴使模块之间产生旋转。用户可以通过单独操作铰链来控制实体进行变形，如图 5.3 所示。通过轻拍

可以选择对应的铰链,然后通过滑动的手势触发旋转变形。用户也可以通过双手摆出对应的整体形状,进行计算机视觉识别以后触发对应的变形,如图 5.4 所示。在实际的交互场景中,更多情况下用户可以任意进行物理(实体操作)或是数字(触控操作)的输入,然后获得物理内容(实体形状)与数字内容(图像声音)耦合的反馈。

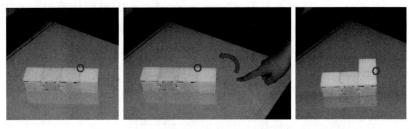

图 5.3　单独操作铰链通过手势控制实体变形

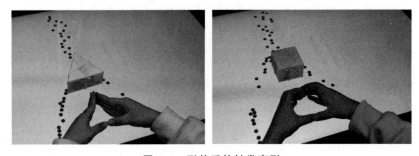

图 5.4　形状手势触发变形

5.1.2　交互环境设计

我们使用三星和微软公司合作生产的 SUR40 交互桌面作为互动平台,该桌面除了支持传统的触摸交互,还能够识别实物底部的光学标签,从而得到桌面上物体的位置和旋转角度。桌面和交互实体之间通过 XBee 无线设备进行通信。桌面可以同时感知用户的触摸操作或是对实体的操作,然后通过声音、图像或是实体形状的变化做出反馈。和交互桌面一起,PolyHinge 呈现为一种多通道的混合现实交互系统,即同时有数字信息和物理信息提供给用户,在感知用户进行触摸、手势、移动实体、旋转实体等操作的同时,提供数字图像与实体形状的耦合作为输出。

“形状输出”这一表述对应于日常生活中的用语即为“变形”。实际上,

变形这一概念在赛博空间中反而比在物理空间中更常见。物理空间中的变
形总是要受到结构、空间等方面的制约，而赛博空间中的数字信息则可以不
受限制地以任意可以想象的方式变形。形状这个属性本身即具有语义。大
部分的语义来自类比，通过相似的形状可以联想到其他的物体从而产生语
义。另一部分则来自长期的学习，这一类的形状语义通常是指向抽象的概
念，比如数字媒体播放器用来代表各种功能的形状。因此，具有"形状输出"
特性的界面系统也就意味其可以用物理形状的通道来进行动态的语义表
达。这种表达方式所带来的好处就是直观、自然。通过这样的方式，很多数
字信息与抽象逻辑都能够很好地表达出来，极大地增加了 TUI 的灵活性。

　　PolyHinge 可以在实体的空间内为多态的隐喻提供动态的语义。比
如，我们可以把正方形——三角形变换的交互实体当作一个数字媒体播放
器的播放按钮，如图 5.5 所示。这个实体的播放按钮就可以通过改变自身
的形状来示意其功能的变化，并且用户可以操作它去控制桌面上散布的多
个影片。

图 5.5　可变形的实物播放按钮

　　"形状输出"除了能够动态进行语义的表达，还意味着界面元素的示能
性也可以被动态地改变。这样就可以通过调整形状输出去辅助、提示用户
进行输入，形成一个反馈的闭环。基于能够在所有四联骨牌间进行变换的
交互实体，我们制作了一款实体的俄罗斯方块游戏，如图 5.6 所示。和传统
的俄罗斯方块类似，当用户操作实体的拼版完成一次堆叠之后，拼版就会随
机改变为其他的形状。

　　实体形状提供的动态示能性让用户能够轻松地使用同一设备进行不同
的交互，同时也为实体交互提供了更多的策略及可能性。除此之外，模块化
的特性还允许多个用户在同一交互环境中操作多个交互元素，进行一些协
作或是对抗性的交互，比如图 5.7 中基于形变概念设计的桌游等。

图 5.6 可变形的四联骨牌

图 5.7 以物理形变为核心的桌游

5.1.3 设计实现

典型的 PolyHinge 交互元素结构由多个通过铰链连接的子单元组成。如图 5.8(a)所示,每个铰链上固定有一个齿轮轴,父单元通过直流电机驱动齿轮轴,从而使相连接的两个单元发生相对旋转。接触面上则布置有相应的干簧管开关和微型磁铁,作为行程开关进行位置反馈。内置的场效应晶体管(field effect transistor,FET)控制板将 XBee 接收器收到的控制信号增幅,并用其控制直流电机。排线可以穿过铰链并将不同单元的控制板进行级联,因此所有的子单元可以共用一个 XBee 接收器。控制板上的扩展接口可以增加另外的传感器,提供触摸等额外的交互方式。通过底部贴有的标签可以进行光学识别。此外,如图 5.8(b)所示,我们还设计了一个迷你版本,不是通过 XBee 进行数据交换,而是通过光敏电阻感知桌面显示的图像进行变形。

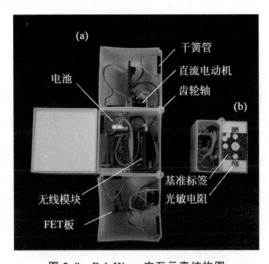

图 5.8　PolyHinge 交互元素结构图

(a) 普通版本硬件结构；(b) 迷你版本硬件结构

SUR40 交互桌面作为互动平台，除了支持传统的多点触摸交互，还能够识别模块底部的光学标签，从而得到交互元素的位置和旋转角度。如图 5.9 所示，通过外部的摄像头可以识别一些特定的手势。桌面和交互元素之间通过 XBee 无线设备进行通信。

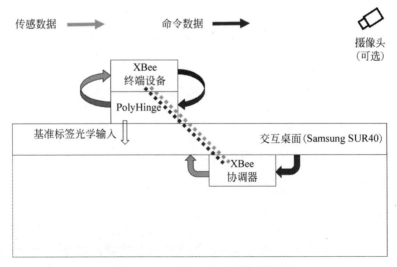

图 5.9　PolyHinge 交互系统架构图

5.1.4　设计总结

PolyHinge 交互系统的设计基于耦合性框架,如图 5.10 所示,通过混合现实的方式同时提供可交互的实物对象与数字对象。设计的核心围绕实物交互元素的物理属性展开:通过物理形状的变化,在实物空间内提供动态的示能性与语义性。通过引入更多的交互模态比如手势等,可以使得交互更加便捷、简单、直观。当同时使用多个实物交互元素时,它们之间可以通过无线网络建立信息关联,或通过交互桌面的定位功能实现位置关联,从而应用于数字娱乐、数据探索等不同的情境。

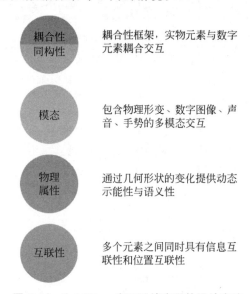

图 5.10　PolyHinge 交互系统应用的设计方法

5.2　TwistBlocks

在娱乐、教育以及数字制造等领域,创建并操作一个三维模型是一种常见的任务。然而,普通的非专业用户要完成这一任务却十分困难,因为这其中需要大量的经验、操作技巧,以及耐心和时间。实物用户界面能够提供基于真实物体的直接交互,因此也能够用来改进三维物体的建模(modeling)以及驱动(actuation)的易用性。

一般地,通过类似乐高的积木可以方便地搭建物理模型,也可以进一步地进行数字建模。这种方式最大的缺点是模型基于规则的块状单元,搭建受到限制,缺乏对曲面和曲线的支持,并且通常很难与模型的驱动相结合。比如,动画骨骼(armature)作为一种广泛使用的、让数字模型产生变形的方式,通常由大量具有分支结构的、可以自由旋转的关节(bone)组成。传统的 TUI 形式并不能很好地对数字动画骨骼进行操控。

如图 5.11 所示,在 TwistBlocks 交互系统中我们结合了两类工作的长处,设计并制作了既能够像积木一样搭建、又能够任意旋转弯曲构造曲线、还能够对模型进行骨骼式驱动的模块化实物用户界面组件。通过 TwistBlocks 交互系统,没有动画设计经验的普通用户(比如儿童)可以快速地通过物理积木创造、操作数字模型,并生成具有叙事性的动画序列。相关论文[132]已发表于实体、嵌入式与呈现式交互国际会议(ACM TEI2018)。

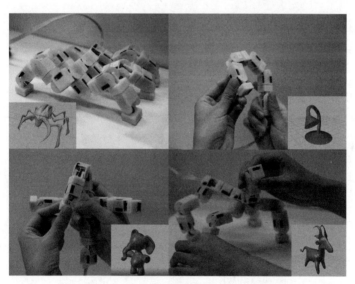

图 5.11　通过实体骨骼操作不同的数字模型

5.2.1　交互元素设计

TwistBlocks 交互系统提供了大量可拼插的积木作为主要的交互元素。每个模块含有一个可旋转的铰链以及多个接插口,因此可以方便地搭建多种形状的骨骼结构。图 5.12 展示了两个模块之间不同的连接方式。每个模块上有三种不同的连接器:底部连接器(白色)既可以连接到另一模块的顶部连接器(黑色)上,形成一个链式结构;也可以连接到另一模块的侧面连接器(黑色)上,形成一个分支结构。每个模块最多可以有四个侧面连接器供其他模块同时连接。最新的版本中我们使用模块化电池连接器代替了原先的印刷电路板(printed circuit board,PCB)连接器,以提供更稳定的电气连接。

图 5.12　模块之间不同的连接方式

在第一版设计中,模块结构的灵感来自机械工程领域中经常用到的万向节(gimbal)。如图 5.13 所示,在每个节点模块中加入一个 2 自由度(degree of freedom,DOF)的万向节结构,节点模块两端就可以被自由地扭转。Glauser 等在 2016 年提出了一种新的结构[163],通过在节点两端各增加一个旋转自由度来扩展整体的自由度。我们在第二版设计中则更进一步使用 3DOF 球形铰链代替万向节,提供了更贴近真实的操作体验。

2 DOF
早期原型

1-2-1 DOF
[Glauser 2016]

3 DOF
后期原型

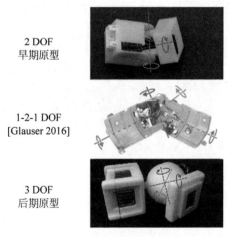

图 5.13　不同的铰链结构对比

一个动画骨骼在拓扑学上是一个典型的树状结构。如图 5.14 所示,一个父节点可以同时连接多个子节点,对应在物理结构上就是一个父模块可以同时连接多个子模块。传统的实现方法是使用另外设计的分支器模块，将父模块的接口进行扩展。但是引入分支器模块的同时也会在系统中引入一个"刚性区域"，在该区域中整个结构为刚性，无法进行形变，多个刚性区域的存在会极大影响结构整体的可操作性。在我们的设计中，模块可以直接插到彼此的侧面，缩小了刚性区域的面积，使得动画骨骼操作起来更加灵活。

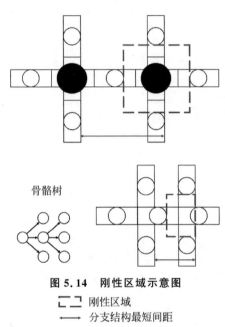

图 5.14　刚性区域示意图

⌐ ⌐ 刚性区域

⟷ 分支结构最短间距

5.2.2　交互环境设计

TwistBlocks 交互系统的设计目的是让没有动画设计经验的普通用户（比如儿童）可以快速地通过物理积木创造、操作数字模型，并生成具有叙事性的动画序列。在原型阶段，我们没有为 TwistBlocks 交互系统单独开发一套软件，而是为三维设计软件 Blender 开发了一套插件，数据采集板采集姿态数据后传输到 Blender，在 Blender 里实现模型的生成、绑定、操作等交互。在面向最终用户时，还需要进一步的软件设计以提升可用性。

如图 5.15 所示，动画骨骼生成是系统提供的最基本的功能。用户通过拼插积木模块创造需要的物理骨骼，完成之后在界面点击"生成"，初始动画骨骼就会生成并显示在界面中。初始动画骨骼和点击生成按钮时的物理骨骸具有相同的结构、长度和姿态。如果需要更改初始动画骨骼,可以再次点击按钮重新生成。

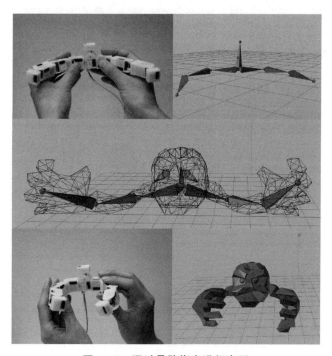

图 5.15   通过骨骼绑定进行变形

初始动画骨骼生成之后,它的姿态就会跟随用户操作物理骨骼而变化。如果有模型被绑定在了动画骨骼上,则该模型也会跟随骨骼产生形变与动作。TwistBlocks 交互系统支持两种不同的形变模式:绝对形变与相对形变。

如图 5.16(a)所示,绝对形变模式下,动画骨骼严格跟随物理骨骼的姿态变化。这种模式是相关工作中广泛采用的,但是仍有改进的空间。物理操作通常是一种自然但是不精确的操作方式。在绝对形变模式下,用户必须先通过物理操作的方式将骨骼调节至一个合适的姿态,再执行模型绑定。要想精确完成这一操作十分困难,而不准确的绑定会极大影响动作的效果。因此我们提出了另外一种改进模式。

如图 5.16(b)所示,相对形变模式下,用户可以在软件中调整、修改初始动画骨骼进行绑定而无需物理操作。系统计算物理骨骼的姿态变化并将其映射到修改过的动画骨骼上,因此即使调整了动画骨骼的长度也能够正确地产生姿态变化。由于 TwistBlocks 交互系统的设计目的并非生成精准的动画,而是能够更加简单地生成一段动画,因此相对形变模式提供的易用性对系统是更为有益的。

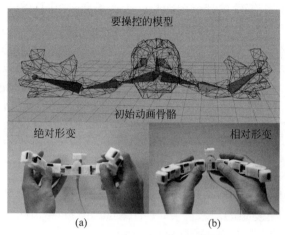

图 5.16　绝对形变与相对形变

(a)绝对形变;(b) 相对形变

如图 5.17 所示,使用物理骨骼操作已有的数字模型不可避免要进行略显繁琐的绑定操作,如果能够直接根据骨骼生成简单的模型,就可以进一步提升系统的易用性。在生成了初始动画骨骼之后,通过系统提供的工具栏,可以快速自动展开骨骼、添加基本形状、分割曲面。通过这种方式创建的模型,无需绑定就能自动跟随骨骼的动作。

图 5.17　根据骨骼生成简单的模型

如图 5.18 所示,TwistBlocks 交互系统还提供了便利的 3D 设计与查看工具。通过物理骨骼能够方便地生成、编辑曲线,比如设计一个造型相对不规则的、带有三维弯曲特征的台灯。因为系统使用了全局坐标系姿态传感,通过旋转手中的物理骨骼也能从不同方向查看数字模型。

图 5.18　3D 设计与查看

如图 5.19 所示,TwistBlocks 交互系统还支持多个模型同时操作,因此可以创造出更复杂的动态情境,比如交互式的叙事动画。通过全局坐标系姿态传感系统,所有的模型共享一个坐标系,因此可以方便地实现不同模型之间的交互。

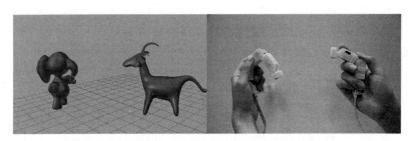

图 5.19　多个模型同时操作

5.2.3　实现技术

如图 5.20 所示,模块内部包含一个自主设计的微型电路板,以及数个不同的连接器。每个模块有两个直链连接器(底部的白色连接器和顶部的黑色连接器),以及数个分支连接器(侧面的黑色连接器)。不同颜色的连接器能够相互连接。微型电路板尺寸为 15mm×15mm,集成了一枚 MCU(ATMEGA328P)以及一枚 9 轴 IMU(MPU9150)。IMU 测量得到的原始数据(包含陀螺仪三轴角加速度、加速度仪三轴加速度、地磁仪三轴磁场强度)使用 IMU 的板载数字运动处理器(digital motion processor,DMP)进行预处理。固件初次启动时会自动进行校准。测量得到的航姿参考系

(attitude and heading reference system，AHRS)数据转换为一个四元数
(quaternion)，这个四元数即代表单个模块在地磁坐标系下的空间姿态。

图 5.20　自主设计的微型电路板

图 5.21 展示了 IMU 传感网络的两个物理层：一个 IIC 总线负责数据
采集；一个局部的 UART 网络用于拓扑检测。所有的模块中的微型电路
板都接入同一个 IIC 总线，一个数据采集板将含有拓扑信息及姿态四元数
的数据包收集并传输给上位机中运行的 Blender 插件。为了在数字空间内
重建节点模块所搭建的物理结构，节点组成的拓扑网络结构是最为关键的。
知道了节点间的拓扑关系，通过节点模块的物理大小和内嵌的 IMU 得到
的节点姿态数据就能够推算出整个网络所组成的物理结构。

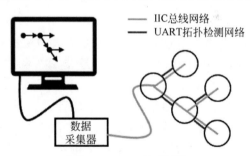

图 5.21　IMU 传感网络

节点网络是一个基于物理上"链式结构""分支结构"两种连接方式而形
成的如图 5.22 所示的"链树网络"。我们用四个参数(M,S,C,N)来描述
某一个节点在拓扑网络中的位置。表 5.1 表示了参数含义：M 描述了该节
点所在的链的 ID，对于每一条链都是唯一的；S 则代表该节点在该链中的
序号。通过 M 和 S 两个参数，每条链内部的拓扑关系就非常清楚了。如果
某条链的第一个节点$(S=0)$被连接在了另外一条链的某个节点上，前者的
C 和 N 就会用来记录后者的 M 和 S 值，以描述链与链之间的连接关系。

整个拓扑网络就可以从初始节点进行重构。

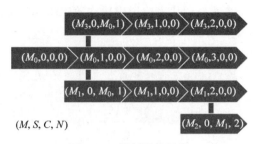

图 5.22　链树网络示例

表 5.1　参数含义

参　　数	含　　义	值
M	链 ID	主节点的 ID
S	节点序号	链中的位置
C	连接的链	连接节点的 M 值
N	连接的节点	连接节点的 S 值

　　每一个模块的固件中都烧录有不同的 ID,作为 IIC 总线上的地址并防止冲突。模块之间采用单向的 UART 连接进行拓扑检测:底部白色连接器是接收线路(RX),而顶部和侧面的黑色连接器分别是两组不同的发送线路(TX)。两组 TX 发送父节点的拓扑信息以及与 TX 线路对应的识别符给子节点,子节点即可辨别与父节点的关系是"链式"还是"分支",从而进一步计算得到自己的拓扑信息。

　　一个数据包由数据头、一组拓扑参数、一组四元数、校验尾组成。上位机持续收到各个节点发来的最新的数据,然后结合拓扑关系、姿态数据和预设的物理大小重建对应的物理结构。具体来讲,一个链树网络拓扑上有且仅有一个初始节点($S=0,C=0,N=0$)。从该节点开始,结合姿态数据和预设的物理大小按顺序重建该链上的其他节点位置,然后检索连接在该链上的其他链并进行重建,按照这种方式进行迭代直到完成所有节点的重建。

　　经过计算后重建出来的节点网络可以有多种应用方式。使用节点模块的真实形状进行渲染可以较好地还原模型的物理形状。用贝赛尔曲线进行平滑处理可以突出模型的曲线特征。绑定已有的模型特征点即可进行模型的驱动等。

5.2.4　设计总结

如图 5.23 所示，TwistBlocks 交互系统基于同构性框架，在物理骨骼与数字骨骼之间建立映射，通过引入实物交互作为输入，增强数字交互的易用性。通过实物所具有的交互约束性以及被动触觉反馈（比如铰链旋转所具有的阻尼），可以更方便地进行交互。通过提供不同的插接方式，使得骨骼的创建更加容易，并且能够在物理结构上尽可能地贴近动画中应用的数字骨骼。插接出来的结构可以自动进行检测和重建，姿态的传感数据也可以实时地通过数据网络传送至交互终端，使得模型能够跟随物理骨骼的姿态变化而产生动作，方便非专业人士简单地创作动画故事。

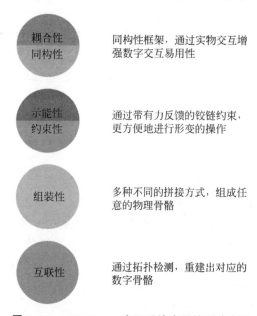

图 5.23　TwistBlocks 交互系统应用的设计方法

5.3　WalkingBot

积木是一种被广泛用于实现教育目的的实物形式。这些实体的模块可以通过多种多样的方式互相连接，创造出不同的结构和模型。这种进行创造的过程能够帮助孩子们进行身心能力的开发，同时也能够让他们学习到各种有关自然、科学和技术的知识[164]。通过当下的一些创意套件，孩子们甚至能够创造自己的机器人,给它们进行编程并让它们能够和外界环境进行互动。不过,这样的系统通常都只支持基于轮式结构的车辆(vehicles),几乎没有任何系统能够支持儿童搭建足式的步行机器人——因为足式机器人的运动规划问题过于复杂。

尽管多足机器人的动力结构以及运动规划问题已经被研究了许多年,但是为其进行运动规划的过程仍然大量依靠专业的工程师进行手工的编程以及调试。即便通过积木能够搭建出各种不同的足式机器人,也不可能通过这种方法预先进行运动规划。想要解决这一问题,我们需要一个自动化的系统,能够检测积木搭建的足式机器人的结构,并且还能够根据检测出的结构自动进行步行的运动规划,生成机器人的控制策略。

WalkingBot 是一种面向未来教育领域的模块化实物用户界面系统。通过该系统提供的实体模块,儿童可以搭建出各种形态迥异的足式机器人。系统能够自动感知搭建出的结构并生成对应的步行规划,使得搭建出的机器人无需任何编程即可行走。通过系统提供的交互界面,还可以进一步对机器人的行为和性格进行设定,使得机器人可以对外界环境做出响应。相关论文已收录于人与机器人互动沟通国际会议(IEEE RO-MAN 2020)。

5.3.1　交互元素设计

WalkingBot 交互系统提供了多种不同的积木模块,如图 5.24 所示,使得儿童能够方便地搭建出形态各异的机器生物。模块之间通过一对燕尾榫进行连接,燕尾榫的内部接触面上嵌有连接至电路板的弹簧针接插件,使得不同的模块之间既可以传递较大的力矩,又可以保持稳定的电气连接。大部分的模块尺寸在 3cm×3cm×3cm 左右,方便进行拿取和插接。

身体模块(主机模块)内嵌了机器人运行所必需的一些组件,包括电池、稳压器、无线连接模块、微控制器等。身体模块被设计成为一个扁平的八棱柱形状,其他模块可以连接至任意一个侧面。这种结构可以让儿童方便地搭建出常见的四足、六足、八足等机器人结构。另外,身体模块的上表面也有多个插槽,可供儿童增添其他的可动结构或者传感器,比如脖子等。

关节模块(舵机模块)是搭建各种可运动的足式机器人的关键。关节模块能够围绕自身的轴线进行 180° 的旋转,两端有一对燕尾榫可以连接到其他的部件。当不同的关节模块直接连接到一起时,如图 5.25 中的连接方式1,它们各自的旋转轴线会形成 90° 的相对朝向,这样仅需 3 个关节模块就可以组成一条 3 自由度的机械腿或机械臂。

图 5.24　WalkingBot 交互系统提供的多种不同的积木模块

　　器官模块（传感模块、驱动模块）有很多不同的类型，一般通过结构上的重新设计而嵌入了对应功能的微型传感器，比如声音传感器、距离传感器等；另外一些则嵌入了迷你屏幕、微型扬声器等嵌入式的驱动元件。通过这些模块，机器人可以对外部环境做出感知，或者是做出行走之外的响应，比如变化表情等。

　　骨骼模块（被动模块）不进行信号的输入和输出，只是单纯的机械部件。如图 5.25 中的连接方式 2 所示，普通的骨骼模块可以用于延长某一结构；如图 5.25 中的连接方式 3 所示，旋转模块可以改变结构的朝向。另外一些

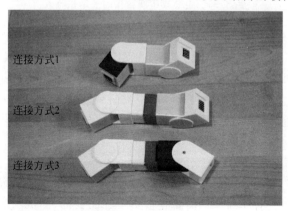

图 5.25　不同的连接方式

则是具有特殊功能的模块，比如放置在腿部末端用来调节摩擦力的足尖模块等。

5.3.2　交互环境设计

如图 5.26 所示，通过在身体模块上增加多个关节模块即可组成最简单的足式机器人。进一步地，儿童可以自由地增添他们想要的模块，或是改变腿的长度，或是增加关节，或是增加器官，等等。因此，他们可以通过这套交互系统创造出各种形态迥异、功能多样的机器生物。

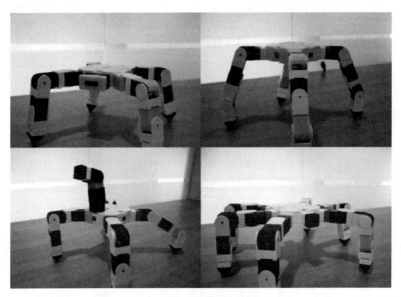

图 5.26　组装成不同结构的多足机器人

WalkingBot 交互系统基于同构性的设计框架，提供了一套 GUI 用来增强机器人的功能以及提升交互的灵活性。组装完成的机器人开机之后，会自动检测自己的结构并上传显示到终端设备的屏幕上；如果结构中途被改变了，也可以按屏幕上的"重新扫描"按钮获取新的结构。儿童可以对虚拟的机器人进行拖动、旋转、缩放等操作，观察机器人结构的同时也可以查看每个模块的功能或者状态。不同类型的模块会以不同的颜色显示，便于区分。

如图 5.27 所示，WalkingBot 交互系统提供了一种完全自动化的方法生成机器人的运动规划。只需要点击一下界面上的"生成"按钮，系统就会自动根据当前的结构计算控制策略，并将计算结果载入到模拟器中。之后，就能够通过模拟器在屏幕上看到机器人是如何行走或是转弯的。如果仿真结果没有问题，就可以点击"上传"按钮将控制策略上传到机器人的主机模块中。

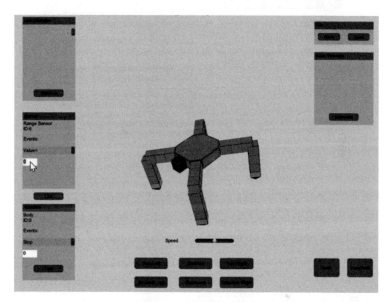

图 5.27 图形交互界面

通过界面上的虚拟按钮可以直接控制机器人行走或者转弯。如果在搭建的结构中包含了器官模块，则还可以进一步对机器人进行"编程"，使其能够对外部环境做出响应。为了使这套系统能够被更多年龄段的儿童使用，我们针对不同儿童对编程概念的理解程度，设计了两套不同的编程方法：图 5.28 所示的事件编程和图 5.29 所示的图形化编程。

距离传感器事件列表　　⟸ 连接 ⟹　　身体模块事件列表

值<	当距离传感器	停止
值>	值<512	前进
值<(触发一次)	身体模块	后退
值>(触发一次)	后退	左转
线性映射		右转

图 5.28 事件编程原理图

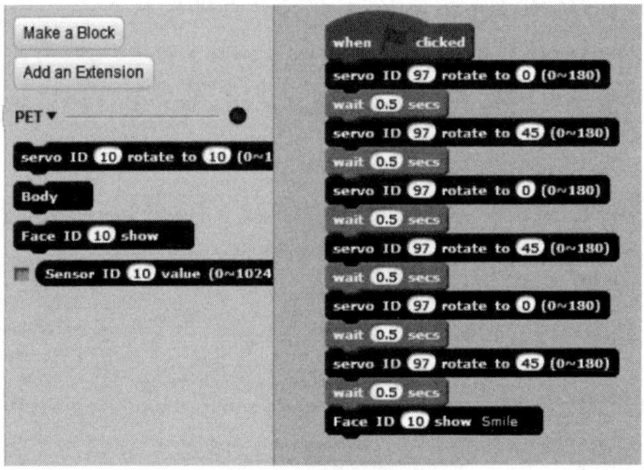

图 5.29　图形化编程界面

事件编程适用于年龄比较小、对编程没有什么概念的儿童。在界面上选中一个器官模块,会显示出该器官模块提供的事件列表。同时选中一个传感事件和一个驱动事件,点击"连接"按钮,就自动生成了一段控制程序的脚本。比如,选择距离传感器的"距离小于"事件和机器人主体的"后退"事件,再将脚本上传之后,机器人在遇到障碍物的时候就会主动向后退去。

图形化编程适用于年龄大一些、有一些编程概念的儿童。图形化编程是一种非常经典的注重易用性的编程框架,而其中最著名的例子就是麻省理工学院媒体实验室开发的 Scratch 软件。我们在 Scratch 的基础上为 WalkingBot 交互系统开发了一个插件,通过 Scratch 添加不同的程序块,就可以读取传感器的数据或是控制驱动器做出动作。

5.3.3　实现技术

如图 5.30 所示,WalkingBot 交互系统的数据网络一共有三个物理层:IIC 总线负责机器人内部不同模块之间的数据传输;局部 UART 网络用作模块间的拓扑检测;蓝牙低能耗(bluetooth low energy,BLE)用来连接机器人与交互终端,进行数据的上传与下载。

硬件设计方面,不论是功能还是结构都遵循模块化的设计思想。如图 5.31 所示,关节模块内嵌有一组相连的 MCU(ATMEGA328P)和舵机(DYNAMIXEL XL-320)。MCU 同时也连接到模块首尾两端的弹簧接插件(5-pin),使得模块既能够加入机器人的 IIC 总线,又能够与相邻的模块通

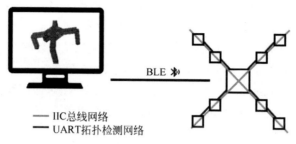

图 5.30　数据网络结构

过 UART 通信。器官模块与其相似,只不过内嵌的是各种传感器和驱动器。骨骼模块里除了 MCU 没有嵌入其他的元件,但是两端燕尾榫的方向有多种组合,可以改变结构的长度和旋转方向。

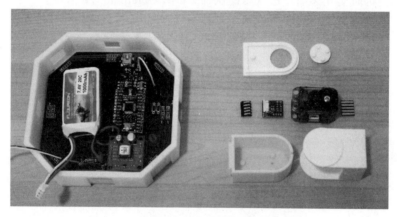

图 5.31　实物内部结构图(身体与关节模块)

身体模块含有一块电池(7.4V 双芯锂聚合物电池)为整个机器人供电,一个稳压器提供稳定的 7V 电压,一个 MCU 存储控制策略、协调机器人的所有模块,以及一个 BLE 无线模块和交互终端连接。身体模块上所有的接口都是母口,可以为连接的模块供电,向其发送拓扑信息,并进行传感数据与控制命令的传输。

网络中使用的数据包大小在系统中十分重要。我们希望能够保证至少 50 个模块同时流畅工作(数据刷新率保持在 20Hz 左右)。大约 1/5 的 MCU 处理时间可以用于数据交换,因此单个数据包应该在 0.2ms 以内完成传输。在 400kHz 的数据总线条件下,单个数据包的大小应该小于 10Bytes。

表 5.2 是在此系统中使用的通信协议的格式。Header 是数据包的起始字节；Type 表示模块类型（当数据为传感数据）或者命令类型（当数据为控制命令）；ID 表示子模块的 ID；Event 表示触发（当数据为传感数据）或者注册（当数据为控制命令）子模块的事件；Data 含有一个 2Bytes 的参数；CRC(Cyclic Redundancy Check)为循环冗余校验，用来保证数据的完整性，减少数据传输过程中产生的错误。绝大部分的通信都遵循这一通信协议。例如：

主机发送一个数据包到传感模块，注册一个事件响应；

主机从传感模块收集到传感数据；

主机向驱动模块发送一个控制命令；

模块之间发送、接收拓扑信息；

主机向交互终端发送状态确认(acknowledgement, ACK)；

主机向交互终端发送调试信息；

主机设置关机模块的比例-积分-微分控制器(proportion integration differentiation, PID)参数。

表 5.2　数据包示例

参数	注册	传感	命令
Header	0xFC	0xFC	0xFC
Type	0xF9	0x04	0xF9
ID	0x10	0x10	0x40
Event	0x01	0x01	0x00
Data H	0x02	0x02	0x02
Data L	0x00	0xFF	0x00
CRC	0x08	0x12	0x37

表 5.2 列举了事件编程过程中使用的三种数据包。首先，主机向 ID＝0x10 的传感模块发送了注册事件(Type＝0xF9)的数据包，注册的事件是"传感数据值大于"(Event＝0x01)，注册值为 512(Data＝0x0200)。注册成功后，这个距离传感器(Type＝0x04)在传感数据值为 767(Data＝0x02FF)时触发了事件，因此向主机传递了触发事件(Event＝0x01)的传感数据包。主机接收到触发事件的传感数据包后，查找脚本列表向对应的关节模块(ID＝0x40)发送了控制命令，执行默认的旋转响应事件(Type＝0xF9，Event＝0x00)，旋转到 90°位置(Data＝0x0200)。

WalkingBot 交互系统中将各个模块的 IIC 的设备地址作为 ID 进行识别。该地址不同于传统 IIC 设备,并非是写在固件中,而是根据结构动态生成的。这样做的好处是当用一个新的模块替代旧模块时,之前的控制策略仍然可以适用,不需要重新生成。身体模块最多可以连接 16 个分支,其中包含最多 8 条腿,以及 8 条额外结构,比如手臂、脖子等。每一条分支最多可以连接 8 个模块,因此每个可能的拓扑位置均对应着 0～127 中的一个独特地址。身体模块通过接口持续发送每个分支的初始地址,每个分支的首个模块接收到地址后,初始化设备并将下一个位置对应的地址发送给连接的下级模块,如此往复,所有模块即可获得与拓扑位置相对应的设备地址并且初始化。

开机或者用户点击"重新扫描"时,IIC 总线上的主机会扫描地址池里的所有地址查看是否有响应,可用的地址会被记录在一个列表中。之后主机会从所有子模块收集数据,将含有 ID 的传感数据上传至交互终端,进行结构的重建。交互终端上有预先输入的、记录了不同类型模块属性(尺寸、重量、事件列表等)的列表。收到传感数据之后,程序通过 Type 字段查找对应模块的尺寸、重量、事件列表等属性,通过 ID 确认对应模块的拓扑位置,通过 Data 字段确认关节模块的当前角度。综合这几种数据,程序就能够重建出机器人当前的连接方式和结构。

技术上最具有挑战性的是如何根据结构自动生成可用的控制策略。因为可以搭建的结构数量庞大,我们不可能通过预先设计的方法提供所有的控制策略。不过,可以通过传感得到的结构结合一些预设的特征,来生成适用于大部分结构的步行控制策略。我们使用的方法是 Megaro 等在 2015 年提出的一种步行算法[103]——原本是为了让普通用户能够设计出可 3D 打印的机器生物而提出的。如图 5.32 所示,在原本的算法中,用户可以在 GUI 中编辑一个虚拟机器人的结构(增加、移除关节,调整骨骼长度等),设定步行模式(footfall pattern),然后就可以生成一套对应该机器人的步行控制策略。应用这一算法,我们可以实现从结构传感到控制策略生成的完全自动化。

首先进行结构数据的抽象,使得该结构可以适用于步行算法。将每个关节模块的旋转轴作为一个铰链,计算每两个铰链之间的长度和重量,并用一根等效的骨骼替换铰链间的实体。每个铰链都是一个具有轴向的一维铰链,因此还需要一个额外的矩阵来表示铰链的方向。通过这些数据所表示的结构即可代入步行算法中进行计算。

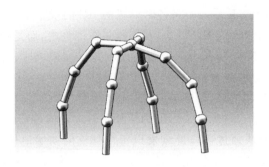

图 5.32　结构数据的抽象

　　步行算法中需要应用到用户提供的步行模式。如图 5.33 所示,步行模式是一组带有时间轴的数据,描述了在一个步态循环中的各个时刻,机器人的哪些腿是与地面接触的,哪些腿是抬起的。运动的形态在很大程度上是由步行模式决定的。我们希望整个系统能够更加自动,适合儿童使用,因此设计了一些较为通用的步行模式。通过识别腿的数目,再调用相应的步行模式,就可以更自动地生成步行控制策略了。

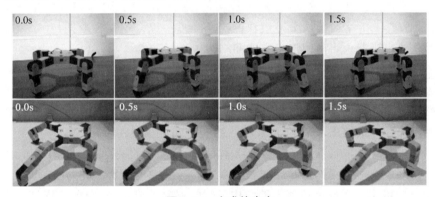

图 5.33　生成的步态

　　得到抽象结构和步行模式之后,就可以计算控制策略了。通过不同的参数,可以得到直行、转弯、横向行走等不同方向的步态。计算通过机器人领域中常用的模型预测控制(model predictive control,MPC)框架进行,解算出步态之后通过多目标优化(multi-objective optimization)方法得到各个关节的位置控制列表,在此不进行详述。将得到的控制表上传到机器人身体模块,即可控制机器人进行步行。

5.3.4　设计总结

如图 5.34 所示,WalkingBot 交互系统基于同构性框架,为拼装的机器生物建立对应的数字表征,通过引入数字交互,进一步为拼装的实物元素赋能。引入多种传感、驱动模块,让拼装的机器生物可以通过多种模态感知环境,并且做出反应。通过结构模块的设计,能够进一步增加拼装的灵活性,使其可以创造更多样的实物形式与功能。搭建出的机器生物结构可以被自动感知重建并且生成控制算法。通过总线网络可以将所有模块的传感数据采集处理并返回控制命令,使得机器生物能够自主地对外部环境做出响应。

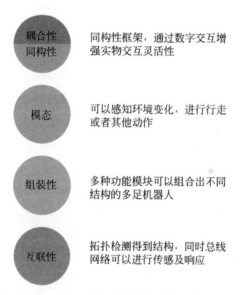

图 5.34　WalkingBot 交互系统应用的设计方法

5.4　本　章　小　结

本章探讨了博士期间的一些有关模块化实物用户界面的工作,展示了如何结合前文所提出的交互特性、设计方法和设计实现,开展围绕模块化实物用户界面的设计与研究工作。PolyHinge 交互系统的设计应用了耦合性框架,通过混合现实的方式同时提供可交互的实物对象与数字对象;设计的核心围绕实物交互元素的物理属性展开,通过物理形状的变化,在实物空间内提供动态的示能性与语义性，从而应用于数字娱乐、数据探索等不同的情境。TwistBlocks 交互系统应用了同构性框架，在物理骨骼与数字骨骼之间建立映射；通过引入具有交互约束性以及被动触觉反馈的实物交互作为输入，使得三维模型能够跟随物理骨骼的姿态变化而产生动作，方便非专业人士简单地创作动画故事。WalkingBot 交互系统同样应用了同构性框架，并且为拼装的机器生物建立了数字表征，通过引入数字交互进一步为拼装的实物元素赋能；引入多种传感模块、驱动模块、结构模块，让使用者可以创造多样的机器生物，并通过自动感知结构重建、生成控制算法，使得机器生物能够自主地对外部环境做出响应。

第6章 MTUI 的应用领域、
优缺点与未来研究方向

6.1 应 用 领 域

6.1.1 智能环境

办公场景是模块化实物用户界面的主要应用领域之一。从 metaDesk[165] 到 SLAP widgets[166]，许多研究工作都致力于提供更加直观、自然、易用的办公辅助界面。办公应用中的 TUI 形态既包括操作滑块、旋钮、滑杆、键盘等多种输入界面，也包括近年来新出现的一些具备物理输出能力的界面。例如 Move-it[33] 将记忆合金嵌入日常生活中使用的便利贴，使得便利贴拥有了通过动态提示用户的功能。Fluxpaper[19] 在普通的便签纸张中间嵌入磁粉层，通过磁场控制，可以实现便签自动进行对齐和在白板上受控移动等功能。而将无源 RFID 标签技术与实物对象相结合，则可以实现更多的操作方式。例如 IDSense[56] 就可以将普通的日常物品赋予平移、旋转、轻扫、覆盖四种不同交互操作。

6.1.2 未来教育

计算机辅助学习的工具也是模块化实物用户界面应用的主要领域之一。基于物理空间和实物道具的学习环境要求孩子调动所有感官去参与，因此更有利于孩子的全面发展[167-168]。基于 TUI 的智能积木可以让孩子从直观的角度去理解抽象概念。例如 Robo topobo[53]，可以用来搭建机器生物，并通过直接操作积木来录制特定的动作，从而让自己组装的机器生物运动起来。这一类智能积木可以帮助孩子们学习并了解平衡、运动姿态、身体结构等概念。Triangles[169] 设计了一种三角形的积木，可以让儿童自己创建非线性的故事。TangramTheatre[170] 设计了可以用来创作动画的七巧板。Bloctopus[171] 提供了可以直接连接到计算机上的可编程积木。littleBits[172]

则是如今非常受欢迎的电路积木搭建工具,通过带有磁性的连接器提供了便于组装的示能性,使得孩子们能够通过积木的线性排列搭建出具有不同功能的电路原型,学习相关的知识。

6.1.3 创意与设计工具

MTUI 具有的自然交互特征还能够为儿童、学生、设计师等提供易用而又强大的创意工具。Anderson 等[173]和 Gupta 等[174]根据不同原理开发了能够把积木搭建的物理模型实时转换为相应数字模型的搭建平台。Shapeclip[46]提出了一种通过模块化驱动器搭建可变形显示器并进行快速原型设计的方法。Giffi[175]提供了一种能够搭建各种可动模型的套件。Makerwear[176]则提供了一种让儿童也能够设计制作可穿戴设备的工具。

6.1.4 信息可视化

MTUI 能够为信息可视化提供丰富的、多模态的交互方式。例如 Tangible Bots[15]使用能够在桌面上运动的轮式小车作为实物控件,在对信息进行操作的同时,还能够得到力或者扭矩的反馈。通过引入可升降的驱动器阵列,inFORM[23]形状显示器可以提供物理形状的输出、动态的约束与示能性,以及丰富的数字内容与物理内容交互的方式。PneUI[29]通过设计并制作气动式可变形的 TUI 组件,使其能够通过变形表达变化的高度、角度、形状等数字信息,扩展了交互的通道。Lumino[177]提供的基于光纤的模块、Siftables[178]和 Sifteo cubes[179]提供的基于迷你屏幕的模块,都可以支持不同的、更丰富的数据交互形式。

6.2 优　　点

6.2.1 情境性与易用性

情境性与易用性是 MTUI 继承自实物用户界面的主要优势。Dourish[180]认为实物用户界面的主要优势之一就是它继承了物理世界的特征,并且和我们的日常生活环境处于同一个交互空间之内。实物的交互元素在设计的过程中,可以最大化地利用其语义性和示能性,贴近我们在日常生活中所形成的交互习惯和交互概念。传统图形用户界面具有的高度灵活性的代价就是更复杂的交互逻辑,以及通用性强但是可用性差的交互模式;而实物用户界面提供真正"所触即所得"的交互方式,对于特定场景下的交互能够显著地提升易用性。

6.2.2　自由性与创造性

自由性与创造性是模块化特性所额外带来的优势。传统的图形用户界面交互受到设备尺寸的限制,交互区域往往局限在一个小的平面上;而模块化实物用户界面提供的交互环境是一个三维空间,允许用户使用更多、更自由的交互方式。进一步地,很多模块化实物用户界面还提供了多样性的组件以及自由组装的功能,增强了实物用户界面原本缺乏的灵活性,使得模块化实物用户界面所能提供的交互不仅可以适用于单一的使用场景,更可以适用于某一类情境的集合。比如,通过模块化的智能家居组件[181],用户可以自行设计符合自己实际需求的智能家居交互系统。另外,模块化也为自由创意提供了更广阔的空间,因此非常适用于艺术、设计与教育等领域。

6.2.3　共享性与合作性

共享性与合作性是实物用户界面的优势之一,而模块化又将这一特性进一步强化,更加适用于多人交互的情境。比起数字交互元素,实物交互元素具有更强的可传递(借入、借出、交换)示能性;模块化实物用户界面提供的大量组件也更适合多人一起使用。例如,reacTable[6] 提供了圆形的交互平台以及大量的实物交互组件,为多用户共同作曲提供了合适的交互条件。另外一些研究则通过模块化实物用户界面提供了诸如合作编程[182]、合作视频剪辑[183] 等更多的功能与交互场景。

6.3　缺　　点

6.3.1　低精度与低效率

模块化实物用户界面的交互仍然是围绕着实物展开,因此也必然会继承一些实物用户界面的缺点。Bellotti 等[181] 认为实物用户界面所提供的对于数字信息的"直接操作",在交互情境比较复杂的情况下会比图形用户界面耗费更多的步骤,更难以操作。事实上,在用户具有较丰富经验的情况下,图形用户界面的交互精度与效率往往是高于对应的实物用户界面的。因此,实物用户界面更加适用于"去专业化",以精度与效率为代价,将需要较多经验才能顺利完成的交互过程转化为易于非专业用户使用的日常交互情境。

6.3.2　可移植性与可扩展性

很难提出具有普适性的实物用户界面交互框架的主要原因之一,就是实物用户界面本身缺乏可移植性与可扩展性。实物用户界面具有高度情景化的特点,同时也就意味着同样的框架很难应用到其他的情境上。对于特定情景的适配度越高、易用性越好,则意味着其可移植越差。此外,即使对于相似度比较高的情境,实物用户界面也存在可扩展性有限的问题。实物交互元素是有一定体积的,交互规模的扩大意味着交互元素会占据更多的空间,不仅交互效率下降,有时还会超出技术框架的尺寸限制;而交互规模的缩小意味着尺寸更小的实物交互元素以及更精细的操作与传感,而后者十分受限于嵌入式技术的发展。

6.4　未来研究方向

6.4.1　元设计

元设计(meta-design)[185]是一个新兴的设计概念,与其对应的技术概念也被称为终端用户开发(end-user development,EUD)。EUD 允许用户自定义组件或是对要使用的模块进行设置和编程,与之类似,元设计是指设计师设计的并非是一个产品,而是一个设计系统;用户可以方便地使用该系统进行设计和再设计,得到面向用户的用户(也可能是用户自己)的最终产品。举一个简单的例子,设计 Adobe 系列软件的设计师所做的工作,就可以被称为一种元设计。引入元设计的概念,是为了降低设计的准入门槛,使得设计本身可以成为一种人人拥有的、用以解决问题的技能,同时促进设计的普及与传播。

设计本质上可以视为一种解决特定问题的方法,而元设计的概念是希望能够提供工具帮助问题的拥有者自己解决问题。这里的设计是一个广义的概念,既可能是设计一个结构、一个外观,也可能是设计一个机器、一个程序。模块化实物用户界面拥有的情境性、易用性的特点,非常适合于提供这样一种工具。

6.4.2　多模态

Ishii 等在早期研究[2]中对于实物用户界面的未来展望是"世界即界

面"(world will be interface)。理想中的模块化实物用户界面应该包含丰富的多模态设计内容,既可能包含多组能够进行传感和反馈的实际物体,也可能包含多组能够进行传感与反馈的数字界面。其中实物界面的设计可能会应用到基于嵌入式传感器的抓握、移动、组装等交互行为的感知技术,或是基于机器人技术的移动、变形等功能响应的技术;数字界面的设计则可能会应用到基于环境传感的触屏交互、手势交互、语音交互等技术,或是基于图形界面的动效及声音反馈技术。以往这些通道的信息都是相对独立的,而在一个完整的模块化实物用户界面交互情境下,这些数据应该进行多通道融合与理解,形成一个具有语境的数据集。

6.4.3　与其他领域技术的结合

与物联网、计算机、机器人、材料科学等其他领域的技术相结合并设计具有新交互特性的界面形式,是模块化实物用户界面未来的主要研究方向之一。物联网领域所提供的数据网络建立与数据传输的方法,在模块化实物用户界面的设计过程中尤为重要。覆盖更广泛的数据网络,能够极大地扩展模块化实物用户界面的应用范围。计算机领域提供的诸如机器学习等前沿的计算理论以及方法,可以极大地促进基于数据的推理和预测,为界面背后的交互意图理解提供强有力的支撑工具。机器人领域的相关技术则能够提供更丰富的、根据数字信息变化来改变物理环境进行反馈的方法。材料科学等领域技术的应用则能够进一步增强模块化实物用户界面的嵌入性、灵活性、功能性等。

6.5　本 章 小 结

本章主要探讨了模块化实物用户界面的应用领域、优缺点与未来研究方向。智能环境、未来教育、创意与设计工具、信息可视化是 MTUI 主要的应用领域。情境性与易用性、自由性与创造性、共享性与合作性是 MTUI 主要的应用优势。同时,MTUI 也存在低精度与低效率、可移植性与可扩展性差的问题。借助元设计的概念,MTUI 能够提供工具帮助问题的拥有者自己解决问题,使得设计本身可以成为一种人人拥有的、用以解决问题的技能,同时促进设计的普及与传播。一个完整的 MTUI 交互情境下,多模态的数据能够进行多通道融合与理解,形成一个具有语境的数据集。与物联网、计算机、机器人、材料科学等其他领域的前沿技术相结合,MTUI 可以获得更多崭新的交互特性与界面形式。

第7章 总　　结

图形用户界面经过几十年的发展,已经具备了完善的设计理论和规范。图形用户界面基于 WIMP 的交互使得用户能够经由图形界面较为方便地操控与获取数字空间中的信息。然而随着技术的进步,一方面,数字信息的视觉体验已接近完美,图形用户界面也迎来了发展瓶颈。另一方面,数字网络与信息接口开始变得无处不在,数字信息的形式也开始变得越发多元化。图形用户界面的交互始终基于一个刚性的屏幕,这一界面形式将输入与输出分离、将物理信息与数字信息分离,随之而来的缺点和限制也开始变得越发明显。

为了克服基于 WIMP 范式的图形用户界面存在的一些缺点以及处理更加丰富的数字信息形式,产生了被称为后 WIMP 范式的实物用户界面。实物用户界面的主要研究范畴,是人通过抓握、操作、组装等自然行为与实物对象发生的交互。相对于图形用户界面主要信息均以虚拟方式呈现的形式,实物用户界面更强调通过信息与物理实体耦合的方式,实现物理化操作与物理形态的信息呈现。在图形用户界面的框架下,数字空间与物理空间是泾渭分明的,所有操作必须经由图形显示器才能完成,而实物用户界面则可以提供基于实物操作的输入与输出方式。

实物用户界面的概念自提出已接近 20 年,至今仍然是人机交互研究中的热点话题。随着技术的进步,实物用户界面的相关研究已不局限于传统的基于交互桌面或是单一实体的交互形式。未来的实物用户界面将致力于打造一种基于现实环境的、虚实结合的、无处不在的可交互人机环境。作为实物用户界面的未来发展的主要方向之一,模块化用户界面通过提供大量不同种类的可交互实体,为实物用户界面提供更多的灵活性、可变性、自由性、创造性,使之能够广泛应用于未来人居、未来教育等相关领域。

由于交互环境中同时存在相互作用的实物信息与数字信息,基于实物的可交互人机环境的形式比传统图形用户界面更加多样化,也更加复杂。本书在用户体验研究的基础理论上,结合心理学、人机工学、工业设计、交互设计等多学科的理论与方法,开展了学科交叉与融合研究,探讨了模块化实

物用户界面的交互特性与设计方法。本书中将模块化实物用户界面具有的
交互特性总结为七种，即耦合性与同构性、互联性、示能性与约束性、模态、
基本物理属性、组装性、语义性。其中互联性、组装性是模块化实物用户界
面所具有的独特特性。不同的设计阶段关注的交互特性是不同的。本书提
出了交互框架设计过程中针对耦合性与同构性的设计方法；交互环境设计
过程中针对耦合性与同构性、示能性与约束性、互联性、模态的设计方法；
交互元素设计过程中针对示能性与约束性、组装性、语义性、模态、基本物理
属性的设计方法。

通过结合计算机科学、机械工程、电子工程、机器人学、材料科学等多学
科的前沿技术与方法进行跨学科研究，本书还探索了能够在真实物理环境
中提供虚实结合的、沉浸式交互体验的设计实现方式。嵌入式传感可以用
于交互行为的感知、拓扑结构的识别等。自驱动反馈为模块化实物用户界
面提供了一种干涉物理环境的途径。嵌入式控制芯片作为计算核心，对传
感数据进行处理并向驱动器发送命令。通信网络保证了交互元素之间的信
息连接性。拓扑识别是传感、通信与拓扑学的综合应用，能够提供多模块之
间的拓扑结构用以重建。空间定位则提供了实物交互元素在空间中的位置
和姿态，用于需要精确坐标的交互情境。

本书还结合了理论与实践，展示了如何根据提出的交互特性、设计方法
和设计实现方式，开展围绕模块化实物用户界面的设计与研究工作。
PolyHinge 交互系统的设计应用了耦合性框架，通过混合现实的方式同时
提供可交互的实物对象与数字对象；设计的核心围绕实物交互元素的物理
属性展开，通过物理形状的变化，在实物空间内提供动态的示能性与语义
性，从而应用于数字娱乐、数据探索等不同的应用情境。TwistBlocks 交互
系统应用了同构性框架，在物理骨骼与数字骨骼之间建立映射；通过引入
具有交互约束性以及被动触觉反馈的实物交互作为输入，使得三维模型能
够跟随物理骨骼的姿态变化而产生动作，方便非专业人士简单地创作动画
故事。WalkingBot 交互系统同样应用了同构性框架，并且为拼装的机器生
物建立了数字表征，通过引入数字交互进一步为拼装的实物元素赋能；通
过引入多种传感模块、驱动模块、结构模块，可以创造多样的机器生物，并自
动感知结构重建、生成控制算法，使得机器生物能够自主地对外部环境做出
响应。

本书最后探讨了模块化实物用户界面的应用领域、优缺点与未来研究
方向。智能环境、未来教育、创意与设计工具、信息可视化是其主要的应用

领域。情境性与易用性、自由性与创造性、共享性与合作性是其主要的应用优势。同时，模块化实物用户界面也存在低精度与低效率、可移植性与可扩展性差的问题。借助元设计的概念，模块化实物用户界面能够提供工具帮助问题的拥有者自己解决问题，使得设计本身可以成为一种人人拥有的、用以解决问题的技能，同时促进设计的普及与传播。一个完整的模块化实物用户界面交互情境下，多模态的数据应该进行多通道融合与理解，形成一个具有语境的数据集。与物联网、计算机、机器人、材料科学等其他领域的前沿技术相结合，模块化实物用户界面可以获得更多崭新的交互特性与界面形式。

参 考 文 献

［1］ 米海鹏,王濛,卢秋宇,等.实物用户界面:起源,发展与研究趋势[J].中国科学:信息科学,2018,48(4):390-405.

［2］ ISHII H, ULLMER B. Tangible bits: Towards seamless interfaces between people, bits and atoms[C]//Proceedings of the ACM SIGCHI Conference on Human Factors in Computing Systems. ACM,1997:234-241.

［3］ FRAZER J H, FRAZER J M, FRAZER P A. Intelligent physical three-dimensional modelling system[J]. Computer Graphics,1980,80:359-370.

［4］ ABRAMS R. Adventures in tangible computing: The work of interaction designer "durrell bishop"in context[D]. London: Royal College of Art,1999.

［5］ FITZMAURICE G W, ISHII H, BUXTON W. Bricks: Laying the foundations for graspable user interfaces[C]//CHI. 1995,95:442-449.

［6］ JORDÀ S, GEIGER G, ALONSON M, et al. The reacTable: Exploring the synergy between live music performance and tabletop tangible interfaces[C]// Proceedings of The 1st International Conference on Tangible and Embedded Interaction. ACM,2007:139-146.

［7］ ULLMER B, ISHII H. Emerging frameworks for tangible user interfaces[J]. IBM Systems Journal,2000,39(3.4):915-931.

［8］ ULLMER B, ISHII H, JACOB R J K. Token+Constraint systems for tangible interaction with digital information[J]. ACM Transactions on Computer-Human Interaction (TOCHI),2005,12(1):81-118.

［9］ PANGARO G, MAYNES-AMINZADE D, ISHII H. The actuated workbench: Computer-controlled actuation in tabletop tangible interfaces[C]//Proceedings of the 15th Annual ACM Symposium on User Interface Software and Technology. 2002:181-190.

［10］ SHAER O, HORNECKER E. Tangible user interfaces: Past,present,and future directions[J]. Foundations and Trends in Human-computer Interaction, 2010: 1-137.

［11］ NOWACKA D, KIRK D. Tangible autonomous interfaces (tais): Exploring autonomous behaviours in tuis [C]//Proceedings of the 8th International Conference on Tangible, Embedded and Embodied Interaction. ACM,2014:1-8.

［12］ POUPYREV I, NASHIDA T, OKABE M. Actuation and tangible user interfaces:

The vaucanson duck, robots, and shape displays[C]//Proceedings of the 1st International Conference on Tangible and Embedded Interaction. ACM, 2007: 205-212.

[13] REKIMOTO J. Traxion: A tactile interaction device with virtual force sensation[C]//Proceedings of the 26th Annual ACM Symposium on User Interface Software and Technology (UIST'13). Association for Computing Machinery, New York, NY, USA,2014: 427-432.

[14] MURER M, MAURER B, HUBER H, et al. Torquescreen: Actuated flywheels for ungrounded kinaesthetic feedback in handheld devices[C]//Proceedings of the Ninth International Conference on Tangible, Embedded, and Embodied Interaction. 2015: 161-164.

[15] PEDERSEN E W, HORNBÆK K. Tangible bots: Interaction with active tangibles in tabletop interfaces[C]//Proceedings of the SIGCHI Conference on Human Factors in Computing Systems. ACM,2011: 2975-2984.

[16] MI H, SUGIMOTO M. Hats: Interact using height-adjustable tangibles in tabletop interfaces[C]//Proceedings of the ACM International Conference on Interactive Tabletops and Surfaces. ACM,2011: 71-74.

[17] WEISS M, SCHWARZ F, JAKUBOWSKI S, et al. Madgets: Actuating widgets on interactive tabletops[C]//Proceedings of the 23nd Annual ACM Symposium on User Interface Software and Technology. 2010: 293-302.

[18] LIANG R H, CHAN L, TSENG H Y, et al. GaussBricks: Magnetic building blocks for constructive tangible interactions on portable displays[C]//Proceedings of the SIGCHI Conference on Human Factors in Computing Systems. 2014: 3153-3162.

[19] OGATA M, FUKUMOTO M. Fluxpaper: Reinventing paper with dynamic actuation powered by magnetic flux[C]//Proceedings of the 33rd Annual ACM Conference on Human Factors in Computing Systems. ACM,2015: 29-38.

[20] VERTEGAAL R, POUPYREV I. Organic user interfaces[J]. Communications of the ACM,2008,51(6): 26-30.

[21] TAKASHIMA K, AIDA N, YOKOYAMA H, et al. TransformTable: A self-actuated shape-changing digital table[C]//Proceedings of the 2013 ACM International Conference on Interactive Tabletops and Surfaces. ACM,2013: 179-188.

[22] GRÖNVALL E, KINCH S, PETERSEN M G, et al. Causing commotion with a shape-changing bench: Experiencing shape-changing interfaces in use[C]//Proceedings of the SIGCHI Conference on Human Factors in Computing Systems. ACM,2014: 2559-2568.

[23] FOLLMER S, LEITHINGER D, OLWAL A, et al. inFORM: Dynamic physical

affordances and constraints through shape and object actuation[C]//Uist. 2013,
13: 417-426.

[24] NAKAGAKI K, FOLLMER S, ISHII H. Lineform: Actuated curve interfaces for display, interaction, and constraint[C]//Proceedings of the 28th Annual ACM Symposium on User Interface Software & Technology. ACM, 2015: 333-339.

[25] ROUDAUT A, KARNIK A, LÖCHTEFELD M, et al. Morphees: Toward high shape resolution in self-actuated flexible mobile devices[C]//Proceedings of the SIGCHI Conference on Human Factors in Computing Systems. ACM, 2013: 593-602.

[26] LEE J C, HUDSON S E, TSE E. Foldable interactive displays[C]//Proceedings of the 21st Annual ACM Symposium on User Interface Software and Technology. ACM, 2008: 287-290.

[27] RAMAKERS R, SCHÖNING J, LUYTEN K. Paddle: Highly deformable mobile devices with physical controls[C]//Proceedings of the SIGCHI Conference on Human Factors in Computing Systems. ACM, 2014: 2569-2578.

[28] TAN D, KUMOREK M, GARCIA A A, et al. Projectagami: A foldable mobile device with shape interactive applications[C]//Proceedings of the 33rd Annual ACM Conference Extended Abstracts on Human Factors in Computing Systems. ACM, 2015: 1555-1560.

[29] YAO L, NIIYAMA R, OU J, et al. PneUI: Pneumatically actuated soft composite materials for shape changing interfaces[C]//Proceedings of the 26th Annual ACM Symposium on User Interface Software and Technology. ACM, 2013: 13-22.

[30] OU J, YAO L, TAUBER D, et al. jamSheets: Thin interfaces with tunable stiffness enabled by layer jamming[C]//Proceedings of the 8th International Conference on Tangible, Embedded and Embodied Interaction. ACM, 2014: 65-72.

[31] NAGELS S, RAMAKERS R, LUYTEN K, et al. Silicone devices: A scalable DIY approach for fabricating self-contained multi-layered soft circuits using microfluidics[C]//Proceedings of the 2018 CHI Conference on Human Factors in Computing Systems. ACM, 2018: 188.

[32] WESSELY M, TSANDILAS T, MACKAY W E. Stretchis: Fabricating highly stretchable user interfaces[C]//Proceedings of the 29th Annual Symposium on User Interface Software and Technology. ACM, 2016: 697-704.

[33] PROBST K, SEIFRIED T, HALLER M, et al. Move-it: Interactive sticky notes actuated by shape memory alloys[C]//CHI'11 Extended Abstracts on Human Factors in Computing Systems. ACM, 2011: 1393-1398.

[34] COELHO M, ISHII H, MAES P. Surflex: A programmable surface for the

design of tangible interfaces[C]//CHI'08 Extended Abstracts on Human Factors in Computing Systems. ACM,2008: 3429-3434.

[35] COELHO M,MAES P. Shutters: A permeable surface for environmental control and communication [C]//Proceedings of the 3rd International Conference on Tangible and Embedded Interaction. ACM,2009: 13-18.

[36] HAWKES E,AN B,BENBERNOU N M,et al. Programmable matter by folding[J]. Proceedings of the National Academy of Sciences,2010,107(28): 12441-12445.

[37] VON RADZIEWSKY L,KRÜGER A,LÖCHTEFELD M. Scarfy: Augmenting human fashion behaviour with self-actuated clothes[C]//Proceedings of the Ninth International Conference on Tangible,Embedded,and Embodied Interaction. ACM, 2015: 313-316.

[38] YAO L,OU J,CHENG C Y,et al. BioLogic: Natto cells as nanoactuators for shape changing interfaces[C]//Proceedings of the 33rd Annual ACM Conference on Human Factors in Computing Systems. ACM,2015: 1-10.

[39] MIRUCHNA V, WALTER R, LINDLBAUER D, et al. Geltouch: Localized tactile feedback through thin,programmable gel[C]//Proceedings of the 28th Annual ACM Symposium on User Interface Software & Technology. ACM, 2015: 3-10.

[40] LU Q, MAO C, WANG L, et al. Lime: Liquid metal interfaces for non-rigid interaction[C]//Proceedings of the 29th Annual Symposium on User Interface Software and Technology. ACM,2016: 449-452.

[41] VONACH E,GERSTWEILER G,KAUFMANN H. Acto: A modular actuated tangible user interface object[C]//Proceedings of the Ninth ACM International Conference on Interactive Tabletops and Surfaces. ACM,2014: 259-268.

[42] LE GOC M,KIM L H,PARSAEI A,et al. Zooids: Building blocks for swarm user interfaces [C]//Proceedings of the 29th Annual Symposium on User Interface Software and Technology. ACM,2016: 97-109.

[43] ALONSO-MORA J,BREITENMOSER A,RUFLI M,et al. Displayswarm: A robot swarm displaying images [C]//Symposium: Robot Demonstrations at International Conference on Intelligent Robots and Systems. 2011.

[44] KOLLING A, NUNNALLY S, LEWIS M. Towards human control of robot swarms [C]//Proceedings of the Seventh Annual ACM/IEEE International Conference on Human-robot Interaction. ACM,2012: 89-96.

[45] RUBENSTEIN M,CORNEJO A,NAGPAL R. Programmable self-assembly in a thousand-robot swarm[J]. Science,2014,345(6198): 795-799.

[46] HARDY J,WEICHEL C,TAHER F,et al. Shapeclip: Towards rapid prototyping with shape-changing displays for designers[C]//Proceedings of the 33rd Annual ACM Conference on Human Factors in Computing Systems. ACM,2015: 19-28.

[47] ROUDAUT A,REED R,HAO T,et al. Changibles: Analyzing and designing shape changing constructive assembly [C]//Proceedings of the SIGCHI Conference on Human Factors in Computing Systems. ACM,2014: 2593-2596.

[48] JACOBSON A,PANOZZO D,GLAUSER O,et al. Tangible and modular input device for character articulation[J]. ACM Transactions on Graphics (TOG), 2014,33(4): 1-12.

[49] WATANABE R,ITOH Y,ASAI M,et al. The soul of ActiveCube: Implementing a flexible, multimodal, three-dimensional spatial tangible interface[J]. Computers in Entertainment (CIE),2004,2(4): 15.

[50] IKEGAWA K,SHIZUKI B. Tesla blocks: Magnetism-based tangible 3D modeling system using block-shaped objects [C]//Proceedings of The 30th Australian Conference on Computer-Human Interaction. ACM,2018: 411-415.

[51] ABDO M,ITOH Y,HOSOI T,et al. StackBlock: Block-shaped interface for flexible stacking[C]//Proceedings of the Adjunct Publication of the 27th Annual ACM Symposium on User Interface Software and Technology. ACM, 2014: 41-42.

[52] IKEGAWA K,TSURUTA M,ABE T,et al. Lightweight capacitance-based block system for 3D space interaction[C]//Proceedings of the 2016 ACM International Conference on Interactive Surfaces and Spaces. ACM,2016: 307-312.

[53] RAFFLE H,YIP L,ISHII H. Robo topobo: Improvisational performance with robotic toys[C]//ACM SIGGRAPH 2006 Sketches. ACM,2006: 140.

[54] SCHWEIKARDT E,GROSS M D. RoBlocks: A robotic construction kit for mathematics and science education [C]//Proceedings of the 8th International Conference on Multimodal Interfaces. ACM,2006: 72-75.

[55] ATZORI L,IERA A,MORABITO G. The internet of things: A survey[J]. Computer Networks,2010,54(15): 2787-2805.

[56] LI H,YE C,SAMPLE A P. IDSense: A human object interaction detection system based on passive UHF RFID[C]//Proceedings of the 33rd Annual ACM Conference on Human Factors in Computing Systems. ACM,2015: 2555-2564.

[57] SIMON T M,THOMAS B H,SMITH R T,et al. Adding input controls and sensors to RFID tags to support dynamic tangible user interfaces [C]// Proceedings of the 8th International Conference on Tangible, Embedded and Embodied Interaction. ACM,2014: 165-172.

[58] LI D,NAIR A S,NAYAR S K,et al. Aircode: Unobtrusive physical tags for digital fabrication[C]//Proceedings of the 30th Annual ACM Symposium on User Interface Software and Technology. ACM,2017: 449-460.

[59] HEIBECK F,TOME B,DELLA SILVA C,et al. UniMorph: Fabricating thin film composites for shape-changing interfaces [C]//Proceedings of the 28th

Annual ACM Symposium on User Interface Software & Technology. ACM, 2015: 233-242.

[60] WOOD R J, AVADHANULA S, SAHAI R, et al. Microrobot design using fiber reinforced composites[J]. Journal of Mechanical Design, 2008, 130(5): 052304.

[61] KOTIKIAN A, TRUBY R L, BOLEY J W, et al. 3D printing of liquid crystal elastomeric actuators with spatially programed nematic order[J]. Advanced Materials, 2018, 30(10): 1706164.

[62] KELLARIS N, VENKATA V G, SMITH G M, et al. Peano-HASEL actuators: muscle-mimetic, electrohydraulic transducers that linearly contract on activation [J]. Science Robotics, 2018, 3(14): eaar3276.

[63] ONO M, SHIZUKI B, TANAKA J. Touch & Activate: Adding interactivity to existing objects using active acoustic sensing[C]//Proceedings of the 26th Annual ACM Symposium on User Interface Software and Technology. ACM, 2013: 31-40.

[64] LAPUT G, BROCKMEYER E, HUDSON S E, et al. Acoustruments: Passive, acoustically-driven, interactive controls for handheld devices[C]//Proceedings of the 33rd Annual ACM Conference on Human Factors in Computing Systems. ACM, 2015: 2161-2170.

[65] HA S, KIM J, YAMANE K. Automated eeep reinforcement learning environment for hardware of a modular legged robot[C]//2018 15th International Conference on Ubiquitous Robots (UR). IEEE, 2018: 348-354.

[66] STRASNICK E, HOLZ C, OFEK E, et al. Haptic links: Bimanual haptics for virtual reality using variable stiffness actuation[C]//Proceedings of the 2018 CHI Conference on Human Factors in Computing Systems. ACM, 2018: 644.

[67] CHOI I, OFEK E, BENKO H, et al. Claw: A multifunctional handheld haptic controller for grasping, touching, and triggering in virtual reality [C]// Proceedings of the 2018 CHI Conference on Human Factors in Computing Systems. ACM, 2018: 654.

[68] GU X, ZHANG Y, SUN W, et al. Dexmo: An inexpensive and lightweight mechanical exoskeleton for motion capture and force feedback in VR[C]// Proceedings of the 2016 CHI Conference on Human Factors in Computing Systems. ACM, 2016: 1991-1995.

[69] CHOI I, CULBERTSON H, MILLER M R, et al. Grabity: A wearable haptic interface for simulating weight and grasping in virtual reality[C]//Proceedings of the 30th Annual ACM Symposium on User Interface Software and Technology. ACM, 2017: 119-130.

[70] LEDO D, NACENTA M A, MARQUARDT N, et al. The haptictouch toolkit: enabling exploration of haptic interactions [C]//Proceedings of the Sixth

International Conference on Tangible, Embedded and Embodied Interaction. ACM,2012: 115-122.

[71] AKSAK B, MURPHY M P, SITTI M. Gecko inspired micro-fibrillar adhesives for wall climbing robots on micro/nanoscale rough surfaces[C]//2008 IEEE International Conference on Robotics and Automation. IEEE,2008: 3058-3063.

[72] FULLER S B, KARPELSON M, CENSI A, et al. Controlling free flight of a robotic fly using an onboard vision sensor inspired by insect ocelli[J]. Journal of The Royal Society Interface,2014,11(97): 20140281.

[73] WRIGHT C, BUCHAN A, BROWN B, et al. Design and architecture of the unified modular snake robot [C]//2012 IEEE International Conference on Robotics and Automation. IEEE,2012: 4347-4354.

[74] KNAIAN A N, CHEUNG K C, LOBOVSKY M B, et al. The milli-motein: A self-folding chain of programmable matter with a one centimeter module pitch [C]//2012 IEEE/RSJ International Conference on Intelligent Robots and Systems. IEEE,2012: 1447-1453.

[75] KARÁSEK M, MUIJRES F T, DE WAGTER C, et al. A tailless aerial robotic flapper reveals that flies use torque coupling in rapid banked turns[J]. Science, 2018,361(6407): 1089-1094.

[76] Boston Dynamics. [EB/OL] https://www.bostondynamics.com/.

[77] KIM S, LASCHI C, TRIMMER B. Soft robotics: A bioinspired evolution in robotics[J]. Trends in Biotechnology,2013,31(5): 287-294.

[78] LIN H T, LEISK G G, TRIMMER B. GoQBot: A caterpillar-inspired soft-bodied rolling robot[J]. Bioinspiration & Biomimetics,2011,6(2): 026007.

[79] ROBERTSON M A, PAIK J. New soft robots really suck: Vacuum-powered systems empower diverse capabilities [J]. Science Robotics, 2017, 2 (9): eaan6357.

[80] CERON S, KURUMUNDA A, GARG E, et al. Popcorn-driven robotic actuators [C]//2018 IEEE International Conference on Robotics and Automation (ICRA). IEEE,2018: 1-6.

[81] ALSPACH A, KIM J, YAMANE K. Design and fabrication of a soft robotic hand and arm system[C]//2018 IEEE International Conference on Soft Robotics (RoboSoft). IEEE,2018: 369-375.

[82] TOLLEY M T, SHEPHERD R F, MOSADEGH B, et al. A resilient, untethered soft robot[J]. Soft Robotics,2014,1(3): 213-223.

[83] HAWKES E W, BLUMENSCHEIN L H, GREER J D, et al. A soft robot that navigates its environment through growth[J]. Science Robotics, 2017, 2 (8): eaan3028.

[84] RUS D, SUNG C. Spotlight on origami robots[J]. Science Robotics,2018,3(15):

eaat0938.

[85] SHIGEMUNE H, MAEDA S, HARA Y, et al. Origami robot: A self-folding paper robot with an electrothermal actuator created by printing[J]. IEEE/ASME Transactions on Mechatronics, 2016, 21(6): 2746-2754.

[86] MIYASHITA S, GUITRON S, LI S, et al. Robotic metamorphosis by origami exoskeletons[J]. Science Robotics, 2017, 2(10): eaao4369.

[87] YIM M. Modular self-reconfigurable robot systems: Challenges and opportunities for the future[J]. IEEE Robotics Automat. Mag. , 2007, 10: 2-11.

[88] GOLOVINSKY A, YIM M, ZHANG Y, et al. Polybot and polykinetic/spl Trade/ system: A modular robotic platform for education [C]//IEEE International Conference on Robotics and Automation, 2004. Proceedings. ICRA'04. 2004. IEEE, 2004, 2: 1381-1386.

[89] KUROKAWA H, TOMITA K, KAMIMURA A, et al. Distributed self-reconfiguration of M-TRAN Ⅲ modular robotic system[J]. The International Journal of Robotics Research, 2008, 27(3-4): 373-386.

[90] PARK M, YIM M. Distributed control and communication fault tolerance for the ckbot [C]//2009 ASME/IFToMM International Conference on Reconfigurable Mechanisms and Robots. IEEE, 2009: 682-688.

[91] SALEMI B, MOLL M, SHEN W M. SUPERBOT: A deployable, multi-functional, and modular self-reconfigurable robotic system [C]//2006 IEEE/RSJ International Conference on Intelligent Robots and Systems. IEEE, 2006: 3636-3641.

[92] AN B K. Em-cube: Cube-shaped, self-reconfigurable robots sliding on structure surfaces[C]//2008 IEEE International Conference on Robotics and Automation. IEEE, 2008: 3149-3155.

[93] ZYKOV V, CHAN A, LIPSON H. Molecubes: An open-source modular robotics kit [C]//IROS-2007 Self-Reconfigurable Robotics Workshop. 2007: 3-6.

[94] DAUDELIN J, JING G, TOSUN T, et al. An integrated system for perception-driven autonomy with modular robots [J]. Science Robotics, 2018, 3 (23): eaat4983.

[95] YU C H, WERFEL J, NAGPAL R. Coordinating collective locomotion in an amorphous modular robot[C]//2010 IEEE International Conference on Robotics and Automation. IEEE, 2010: 2777-2784.

[96] KALOUCHE S, ROLLINSON D, CHOSET H. Modularity for maximum mobility and manipulation: Control of a reconfigurable legged robot with series-elastic actuators[C]//2015 IEEE International Symposium on Safety, Security, and Rescue Robotics (SSRR). IEEE, 2015: 1-8.

[97] KIM J, ALSPACH A, YAMANE K. Snapbot: A reconfigurable legged robot [C]//2017 IEEE/RSJ International Conference on Intelligent Robots and

Systems (IROS). IEEE,2017: 5861-5867.

[98] Intuitive Surgical. [EB/OL] https://www. intuitive. com/.

[99] Universal Robots. [EB/OL] https://www. universal-robots. com/.

[100] Aibo. [EB/OL] https://us. aibo. com/.

[101] SONG P,WANG X,TANG X,et al. Computational eesign of wind-up toys[J].
ACM Transactions on Graphics (TOG),2017,36(6): 238.

[102] HA S,COROS S,ALSPACH A,et al. Computational design of robotic devices
from high-level motion specifications[J]. IEEE Transactions on Robotics,2018
(99): 1-12.

[103] MEGARO V,THOMASZEWSKI B,NITTI M,et al. Interactive design of 3D-
printable robotic creatures[J]. ACM Transactions on Graphics (TOG),2015,34
(6): 216.

[104] MEGARO V,KNOOP E,SPIELBERG A,et al. Designing cable-driven actuation
networks for kinematic chains and trees [C]//Proceedings of the ACM
SIGGRAPH/Eurographics Symposium on Computer Animation. ACM,
2017: 15.

[105] HOURCADE J P. Interaction design and children[J]. Foundations and Trends®
in Human-Computer Interaction,2008,1(4): 277-392.

[106] FRICH J,MOSE BISKJAER M,DALSGAARD P. Twenty years of creativity
research in human-computer interaction: Current state and future directions
[C]//Proceedings of the 2018 Designing Interactive Systems Conference. ACM,
2018: 1235-1257.

[107] BLIKSTEIN P. Computationally enhanced toolkits for children: Historical
review and a framework for future design[J]. Foundations and Trends® in
Human-Computer Interaction,2015,9(1): 1-68.

[108] TETTEROO D,SOUTE I,MARKOPOULOS P. Five key challenges in end-
user development for tangible and embodied interaction[C]//Proceedings of the
15th ACM on International Conference on Multimodal Interaction. ACM,2013:
247-254.

[109] MALONEY J,RESNICK M,RUSK N,et al. The scratch programming language
and environment[J]. ACM Transactions on Computing Education (TOCE),
2010,10(4): 16.

[110] KNÖRIG A, WETTACH R, COHEN J. Fritzing: A tool for advancing
electronic prototyping for designers[C]//Proceedings of the 3rd International
Conference on Tangible and Embedded Interaction. ACM,2009: 351-358.

[111] RAMAKERS R,TODI K,LUYTEN K. PaperPulse: An integrated approach for
embedding electronics in paper designs[C]//Proceedings of the 33rd Annual
ACM Conference on Human Factors in Computing Systems. ACM, 2015:

2457-2466.

[112] HODGES S, VILLAR N, CHEN N, et al. Circuit stickers: Peel-and-stick construction of interactive electronic prototypes[C]//Proceedings of the SIGCHI Conference on Human Factors in Computing Systems. ACM,2014: 1743-1746.

[113] AKIYAMA Y, MIYASHITA H. Projectron mapping: The exercise and extension of augmented workspaces for learning electronic modeling through projection mapping[C]//Proceedings of the Adjunct Publication of the 27th Annual ACM Symposium on User Interface Software and Technology. ACM, 2014: 57-58.

[114] CONRADI B, LERCH V, HOMMER M, et al. Flow of electrons: An augmented workspace for learning physical computing experientially[C]//Proceedings of the ACM International Conference on Interactive Tabletops and Surfaces. ACM, 2011: 182-191.

[115] SAENZ M, STRUNK J, CHU S L, et al. Touch wire: Interactive tangible electricty game for kids[C]//Proceedings of the Ninth International Conference on Tangible, Embedded, and Embodied Interaction. ACM,2015: 655-659.

[116] BEHESHTI E, FITZPATRICK C, HOPE A, et al. Circuit in pieces: Understanding electricity from electrons to light bulbs[C]//CHI'13 Extended Abstracts on Human Factors in Computing Systems. ACM,2013: 691-696.

[117] MCNERNEY T S. Tangible programming bricks: An approach to making programming accessible to everyone[J]. Massachusetts Institute of Technology,1999.

[118] MCNERNEY T S. From turtles to tangible programming bricks: Explorations in physical language design[J]. Personal and Ubiquitous Computing,2004,8(5): 326-337.

[119] BLIKSTEIN P. Gears of our childhood: Constructionist toolkits, robotics, and physical computing, past and future[C]//Proceedings of the 12th International Conference on Interaction Eesign and Children. ACM,2013: 173-182.

[120] MONTEMAYOR J, DRUIN A, FARBER A, et al. Physical programming: Designing tools for children to create physical interactive environments[C]// Proceedings of the SIGCHI Conference on Human Factors in Computing Systems. ACM,2002: 299-306.

[121] RESNICK M, MARTIN F, SARGENT R, et al. Programmable bricks: Toys to think with[J]. IBM Systems Journal,1996,35(3.4): 443-452.

[122] MILLNER A, BAAFI E. Modkit: Blending and extending approachable platforms for creating computer programs and interactive objects [C]// Proceedings of the 10th International Conference on Interaction Design and Children. ACM,2011: 250-253.

[123] KATTERFELDT E S, CUARTIELLES D, SPIKOL D, et al. Talkoo: A new

paradigm for physical computing at school[C]//Proceedings of the The 15th International Conference on Interaction Design and Children. ACM,2016: 512-517.

[124] DAVIS R, BUMBACHER E, BEL O, et al. Sketching Intentions: Comparing different metaphors for programming robots [C]//Proceedings of the 14th International Conference on Interaction Design and Children. ACM,2015: 391-394.

[125] MELCER E F, ISBISTER K. Bots & (main) frames: Exploring the impact of tangible blocks and collaborative play in an educational programming game [C]//Proceedings of the 2018 CHI Conference on Human Factors in Computing Systems. ACM,2018: 266.

[126] GAVER W W. Technology affordances [C]//Proceedings of the SIGCHI Conference on Human Factors in Computing Systems. ACM,1991: 79-84.

[127] NORMAN D A. Affordance, conventions, and design[J]. Interactions,1999,6 (3): 38-43.

[128] VYAS D, CHISALITA C M, VAN DER VEER G C. Affordance in interaction [C]//Proceedings of the 13th Eurpoean Conference on Cognitive Ergonomics: Trust and Control in Complex Socio-Technical Systems. ACM,2006: 92-99.

[129] LOPES P, JONELL P, BAUDISCH P. Affordance++: Allowing objects to communicate dynamic use [C]//Proceedings of the 33rd Annual ACM Conference on Human Factors in Computing Systems. ACM,2015: 2515-2524.

[130] YOU H, CHEN K. Applications of affordance and semantics in product design [J]. Design Studies,2007,28(1): 23-38.

[131] WANG M, MI H, et al. Polyhinge: Shape changing TUI on tabletop. [C]// Proceedings of the International Conference on Interfaces and Human Computer Interaction 2017. IADIS,2017: 3-9.

[132] WANG M, LEI K, LI Z, et al. TwistBlocks: Pluggable and twistable modular TUI for armature interaction in 3D design[C]//Proceedings of the Twelfth International Conference on Tangible, Embedded, and Embodied Interaction. ACM,2018: 19-26.

[133] ISHII H, MAZALEK A, LEE J. Bottles as a minimal interface to access digital information[C]//CHI'01 Extended Abstracts on Human Factors in Computing Systems. ACM,2001: 187-188.

[134] MORALES GONZÁLEZ R, APPERT C, BAILLY G, et al. Touchtokens: Guiding touch patterns with passive tokens[C]//Proceedings of the 2016 CHI Conference on Human Factors in Computing Systems. ACM,2016: 4189-4202.

[135] LIANG R H, SHEN C, CHAN Y C, et al. WonderLens: Optical lenses and mirrors for tangible interactions on printed paper[C]//Proceedings of the 33rd Annual ACM Conference on Human Factors in Computing Systems. ACM, 2015: 1281-1284.

[136] LEE J, KAKEHI Y, NAEMURA T. Bloxels: Glowing blocks as volumetric pixels[C]//ACM SIGGRAPH 2009 Emerging Technologies. ACM,2009: 5.

[137] BAKKER S, ANTLE A N, VAN DEN HOVEN E. Embodied metaphors in tangible interaction design[J]. Personal and Ubiquitous Computing, 2012, 16 (4): 433-449.

[138] KAO H L C, DEMENTYEV A, PARADISO J A, et al. NailO: Fingernails as an input surface[C]//Proceedings of the 33rd Annual ACM Conference on Human Factors in Computing Systems. ACM,2015: 3015-3018.

[139] DEMENTYEV A, KAO H L C, PARADISO J A. Sensortape: Modular and programmable 3d-aware dense sensor network on a tape[C]//Proceedings of the 28th Annual ACM Symposium on User Interface Software &. Technology. ACM,2015: 649-658.

[140] GONG N W, STEIMLE J, OLBERDING S, et al. PrintSense: A versatile sensing technique to support multimodal flexible surface interaction [C]// Proceedings of the 32nd Annual ACM Conference on Human Factors in Computing Systems. ACM,2014: 1407-1410.

[141] VADGAMA N, STEIMLE J. Flexy: Shape-customizable, single-layer, inkjet printable patterns for 1d and 2d flex sensing[C]//Proceedings of the Eleventh International Conference on Tangible, Embedded, and Embodied Interaction. ACM,2017: 153-162.

[142] TSUJII T, NISHIMURA K, HASHIDA T, et al. Inkantatory paper: Interactive paper interface with multiple functional inks [C]//ACM SIGGRAPH 2013 Posters. ACM,2013: 23.

[143] PERELMAN G, SERRANO M, RAYNAL M, et al. The roly-poly mouse: Designing a rolling input device unifying 2D and 3D interaction[C]//Proceedings of the 33rd Annual ACM Conference on Human Factors in Computing Systems. ACM,2015: 327-336.

[144] SLYPER R, POUPYREV I, HODGINS J. Sensing through structure: Designing soft silicone sensors [C]//Proceedings of the Fifth International Conference on Tangible, Embedded, and Embodied Interaction. ACM,2011: 213-220.

[145] NAKAMARU S, NAKAYAMA R, NIIYAMA R, et al. FoamSense: Design of three dimensional soft sensors with porous materials[C]//Proceedings of the 30th Annual ACM Symposium on User Interface Software and Technology. ACM,2017: 437-447.

[146] VAN MEERBEEK I M, DE SA C M, SHEPHERD R F. Soft optoelectronic sensory foams with proprioception[J]. Science Robotics,2018,3(24): eaau2489.

[147] PARZER P, PROBST K, BABIC T, et al. FlexTiles: A flexible, stretchable, formable, pressure-sensitive, tactile input sensor[C]//Proceedings of the 2016

CHI Conference Extended Abstracts on Human Factors in Computing Systems. ACM,2016: 3754-3757.

[148] NIIYAMA R,SUN X,YAO L,et al. Sticky actuator: Free-form planar actuators for animated objects[C]//Proceedings of the Ninth International Conference on Tangible,Embedded,and Embodied Interaction. ACM,2015: 77-84.

[149] MATUSZEK C,MAYTON B,AIMI R,et al. Gambit: An autonomous chess-playing robotic system[C]//2011 IEEE International Conference on Robotics and Automation. IEEE,2011: 4291-4297.

[150] Arduino. [EB/OL] https://www. arduino. cc/.

[151] Mindstorms. [EB/OL] https://education. lego. com/.

[152] Digi XBee RF Modules. [EB/OL]https://www. digi. com/.

[153] KALTENBRUNNER M, BENCIAN R. ReacTIVision: A computer-vision framework for table-Based tangible interaction[C]//Proceedings of the 1st International Conference on Tangible and Embedded Interaction. ACM, 2007: 69-74.

[154] LEIGH S,SCHOESSLER P,HEIBECK F,et al. THAW: Tangible interaction with see-through augmentation for smartphones on computer screens[C]// Proceedings of the Ninth International Conference on Tangible,Embedded,and Embodied Interaction. ACM,2015: 89-96.

[155] VILLAR N,CLETHEROE D,SAUL G,et al. Project zanzibar: A portable and flexible tangible interaction platform [C]//Proceedings of the 2018 CHI Conference on Human Factors in Computing Systems. ACM,2018: 515.

[156] VOELKER S, CHEREK C, THAR J, et al. PERCs: Persistently trackable tangibles on capacitive multi-touch displays[C]//Proceedings of the 28th Annual ACM Symposium on User Interface Software & Technology. ACM, 2015: 351-356.

[157] ZHANG Y,HARRISON C. Pulp nonfiction: Low-cost touch tracking for paper [C]//Proceedings of the 2018 CHI Conference on Human Factors in Computing Systems. ACM,2018: 117.

[158] ZHANG Y,YANG C J,HUDSON S E,et al. Wall++: Room-scale interactive and context-aware sensing[C]//Proceedings of the 2018 CHI Conference on Human Factors in Computing Systems. ACM,2018: 273.

[159] Optitrack. [EB/OL]https://www. optitrack. com/.

[160] DUDENEY H E. Puzzles and prizes[N]. Weekly Dispatch,1902.

[161] ABBOTT T G, ABEL Z,CHARLTON D, et al. Hinged dissections exist[J]. Discrete & Computational Geometry,2012,47(1): 150-186.

[162] DEMAINE E,DEMAINE M,EPPSTEIN D. Hinged dissection of polyominoes and polyforms[J]. Computational Geometry: Theory and Applications,2005,31

(3)：237-262.

[163] GLAUSER O,MA W C,PANOZZO D,et al. Rig animation with a tangible and modular input device[J]. ACM Transactions on Graphics (TOG),2016,35 (4)：144.

[164] LEONG J,PERTENEDER F,JETTER H C,et al. What a life!：Building a framework for constructive assemblies [C]//Proceedings of the Eleventh International Conference on Tangible,Embedded,and Embodied Interaction. ACM,2017：57-66.

[165] ULLMER B,ISHII H. The metaDESK：Models and prototypes for tangible user interfaces[C]//Proceedings of the 10th Annual ACM Symposium on User Interface Software and Technology. 1997：223-232.

[166] WEISS M,JENNINGS R,KHOSHABEH R,et al. SLAP widgets：Bridging the gap between virtual and physical controls on tabletops[C]//CHI'09 Extended Abstracts on Human Factors in Computing Systems. ACM,2009：3229-3234.

[167] ANTLE A N. The CTI framework：Informing the design of tangible systems for children[C]//Proceedings of the 1st International Conference on Tangible and Embedded Interaction. ACM,2007：195-202.

[168] O'MALLEY C, FRASER D S. Literature review in learning with tangible technologies[R]. NESTA Futurelab Report,2004,12.

[169] GORBET M G, ORTH M, ISHII H. Triangles：Tangible interface for manipulation and exploration of digital information topography[C]//Proceedings of the SIGCHI Conference on Human Factors in Computing Systems. 1998：49-56.

[170] QU Z,YU C,SHI Y,et al. TangramTheatre：Presenting children's creation on multimodal tabletops[C]//CHI'14 Extended Abstracts on Human Factors in Computing Systems. ACM,2014：2077-2082.

[171] SADLER J,DURFEE K,SHLUZAS L,et al. Bloctopus：A novice modular sensor system for playful prototyping[C]//Proceedings of the Ninth International Conference on Tangible,Embedded,and Embodied Interaction. ACM,2015：347-354.

[172] BDEIR A. Electronics as material：LittleBits [C]//Proceedings of the 3rd International Conference on Tangible and Embedded Interaction. ACM,2009：397-400.

[173] ANDERSON D,FRANKEL J L,MARKS J,et al. Building virtual structures with physical blocks[C]//Proceedings of the 12th Annual ACM Symposium on User Interface Software and Technology. ACM,1999：71-72.

[174] GUPTA A,FOX D,CURLESS B,et al. DuploTrack：A real-time system for authoring and guiding duplo block assembly[C]//Proceedings of the 25th Annual ACM Symposium on User Interface Software and Technology. ACM,

2012: 389-402.

[175] WU K J, GROSS M D, BASKINGER M. Giffi: A gift for future inventors[C]// Proceedings of the Sixth International Conference on Tangible, Embedded and Embodied Interaction. ACM, 2012: 335-336.

[176] KAZEMITABAAR M, MCPEAK J, JIAO A, et al. Makerwear: A tangible approach to interactive wearable creation for children[C]//Proceedings of the 2017 Chi Conference on Human Factors in Computing Systems. ACM, 2017: 133-145.

[177] BAUDISCH P, BECKER T, RUDECK F. Lumino: Tangible blocks for tabletop computers based on glass fiber bundles [C]//Proceedings of the SIGCHI Conference on Human Factors in Computing Systems. ACM, 2010: 1165-1174.

[178] MERRILL D, KALANITHI J, MAES P. Siftables: Towards sensor network user interfaces[C]//Proceedings of the 1st International Conference on Tangible and Embedded Interaction. ACM, 2007: 75-78.

[179] MERRILL D, SUN E, KALANITHI J. Sifteo cubes [C]//CHI'12 Extended Abstracts on Human Factors in Computing Systems. ACM, 2012: 1015-1018.

[180] DOURISH P. Where the action is: The foundations of embodied interaction [M]. MIT Press, 2004.

[181] MESH. [EB/OL]http://meshprj. com/en/.

[182] SUZUKI H, KATO H. AlgoBlock: A tangible programming language, a tool for collaborative learning[C]//Proceedings of 4th European Logo Conference. 1993: 297-303.

[183] ZIGELBAUM J, HORN M S, SHAER O, et al. The tangible video editor: Collaborative video editing with active tokens [C]//Proceedings of the 1st International Conference on Tangible and Embedded Interaction. ACM, 2007: 43-46.

[184] BELLOTTI V, BACK M, EDWARDS W K, et al. Making sense of sensing systems: Five questions for designers and researchers[C]//Proceedings of the SIGCHI Conference on Human Factors in Computing Systems. ACM, 2002: 415-422.

[185] FISCHER G, GIACCARDI E, YE Y, et al. Meta-design: A manifesto for end-user development[J]. Communications of the ACM, 2004, 47(9): 33-37.

致　　谢

　　本书是我在硕士和博士期间研究成果的总结与提炼。相关的研究在清华大学美术学院、清华大学未来实验室、清华大学终身学习实验室、加州大学洛杉矶分校计算机与统计学系的共同支持下展开，并受到丹麦乐高基金会、清华大学"水木学者"计划的资助。

　　尤其要感谢徐迎庆、米海鹏、朱松纯三位老师，为我在学术上提供了优厚的科研条件并给予了悉心的指导。此外，感谢本书研究内容所涉及的论文共同作者们：卢秋宇、刘烨珺、雷克华、李郅纯、刘航欣、苏垚。

　　最后，感谢家人对我的支持与理解。感谢我的父母在幕后的默默付出，以及小韩同学对我小小任性的包容。